精英思维课

鬼谷子

彭咸 ◎ 编著

山东画报出版社

图书在版编目（CIP）数据

鬼谷子 / 彭咸编著 . -- 济南 : 山东画报出版社，
2020.5
（精英思维课）
ISBN 978-7-5474-3511-3

Ⅰ . ①鬼… Ⅱ . ①彭… Ⅲ . ①纵横家②《鬼谷子》–
通俗读物 Ⅳ . ① B228-49

中国版本图书馆 CIP 数据核字 (2020) 第 063946 号

鬼谷子
（精英思维课）
彭　咸 编著

责任编辑　张雅婷
装帧设计　青蓝工作室

主管单位　山东出版传媒股份有限公司
出版发行　山东画报出版社
　　　　　社　址　济南市市中区英雄山路 189 号 B 座　邮编 250002
　　　　　电　话　总编室（0531）82098472
　　　　　　　　　市场部（0531）82098479　82098476（传真）
　　　　　网　址　http://www.hbcbs.com.cn
　　　　　电子信箱　hbcb@sdpress.com.cn
印　　刷　北京一鑫印务有限责任公司
规　　格　870 毫米 ×1220 毫米　1/32
　　　　　6 印张　160 千字
版　　次　2020 年 5 月第 1 版
印　　次　2020 年 5 月第 1 次印刷
书　　号　ISBN 978-7-5474-3511-3
定　　价　149.00 元（全 5 册）

前　言

在中国历史上，有许多这样的人：他们不会写诗，也不会作赋，更不善驰骋疆场，但可以获得无上的荣誉和权力。这些人知大局，善揣摩，通辩词，权智勇，能谋略，善决断，他们无所不通，无所不知，无所不能。我们不禁要问，他们缘何如此神通广大？如果要深究背后的原因，有一点最有说服力，那就是他们的背后有一位高人，此人正是鬼谷子。

在漫漫的岁月长河中，古圣先贤，仁人志士，多如牛毛。为什么鬼谷子能够对中华文化产生如此深远的影响呢？所以，我们有必要来认识一下鬼谷子。

鬼谷子，姓王名诩，因为隐居于清溪的鬼谷之中，故世人称其为鬼谷先生（鬼谷子）。他在中国历史上是一位显赫的人物，是“诸子百家”之一——纵横家的鼻祖，既有政治家的韬略，又擅长外交家的纵横捭阖之术，并且精通兵法、武术、奇门八卦，是一位旷世奇才。

作为纵横家的鼻祖，鬼谷子弟子众多，据说孙膑、庞涓、毛遂、徐福、甘茂、司马错、乐毅、范雎、蔡泽、邹忌、郦食其、蒯通、黄石、李牧、李斯等皆为他的弟子，但真实性存疑。不过，他的学问高深莫测，非一般人能够掌握。

鬼谷子的主要作品有《鬼谷子》及《本经阴符七术》。《鬼谷子》又称作《捭阖策》，该书着重讲述了权谋策略及言谈辩论技巧，从内容来看，主要涉及谈判、游说等内容，但是由于其中涉及大量的谋略问题，与军事问题触类旁通，也有人称它为“兵书”。

后人对《鬼谷子》的评价褒贬不一，但不可否认的是，作为一部谋略学的巨著，《鬼谷子》一直为中国古代军事家、政治家和外交家所研读，即使在今天，它也是许多人的必读书之一。本书本着“取其精华，去其糟粕”的原则，深入浅出地解析了鬼谷子的智慧精髓和谋略精华。

目 录

第一章
捭阖：通达人心，纵横天下

捭阖是什么？捭，开的意思，敞开心怀积极行动，采取攻势，或接受外部事物及他人的主张和建议。阖，闭的意思，关闭心扉，把进来的事物化为自己的事物，或不让外来事物进入，取封闭形态。

捭阖之道是一种处事智慧，一门推敲技巧，一件揣摩人心理活动的工具。古人云，上知天文，下晓地理，中应人事。捭阖之道一切都是为了中应人事，为人所用，而鬼谷子更是从人性入手，把做人这门艺术发挥到极致，其处事之道有很多值得借鉴的地方。可以说，“捭阖”是鬼谷子思想的基础。

韬光养晦，以“闭”为守得天下

【原文】

粤若稽古，圣人之在天地间也，为众生之先。观阴阳之开阖以名命物，知存亡之门户，筹策万类之终始，达人心之理，见变化之朕焉，而守司其门户。

【译文】

考察古代历史，可知圣人生活在天地之间，就是大众中的先知。圣人通过观察事物矛盾的变化，认识事物，给它们立一个确定的名号，了解决定事物存亡的关键因素，测算万物发展的进程，通晓人类思维的规律，预见变化的征兆，从而把握住事物存亡的关键。

【延伸阅读】

在鬼谷子的眼中，圣人之所以为圣人，最根本的就是要“守司其门户”。在历史上，合宜的“捭阖”之术常于应“闭”时必自守，以韬晦之术渡难关而称名于天下。

中国历史上，东汉时期的刘秀、三国时期的刘备都曾一时以“闭”为自守之策而得天下，北齐时期的高洋也以此法登上了皇帝的宝座。北齐开国皇帝高洋，是东魏大丞相高欢的次子。高欢死后，长子高澄继任大丞相，都督中外诸军，坐镇晋阳；高洋则被封为京畿大都督，在邺都辅佐朝政。

高澄凶横暴烈，狂傲不羁，处处锋芒毕露，总揽朝政，不可一世。高洋的表现与其兄正好相反，温文尔雅，愚钝憨直，讷言少语，对国家大事总是睁一只眼闭一只眼，得过且过，文武群臣素来看不起他。高洋在兄长高澄面前也是从来百依百顺。他为夫人购置的一点儿好的服饰，高澄看上了据为已有，他却劝夫人不要气恼；自己的美妾多次被高澄调戏，也佯装不知。高澄对这个弟弟更是瞧不上眼，曾经说："我的这个弟弟如能富贵，那么预言吉凶贵贱的相面书就无法解释了。"高洋退朝回家，常常是闭门静坐，对妻妾也说不了几句话。有时则脱了鞋，光着脊梁在院子里奔跑不停。想不到这个高洋，在局势突变时却成了另外一个人，令人刮目相看。

高澄对皇帝元善不满，赶到邺都与几个心腹密谋废立之事，被家奴兰京聚众刺杀身亡。高洋得报后，神色不变，率兵赶至，将兰京等凶手一一捕杀。对外则宣布大丞相只是在家奴造反时受了点儿伤。又向皇帝元善请求护送高澄回晋阳养伤。元善立即准行，心里暗喜，认为高澄既伤，而高洋难成大器，威权当复归帝室了。

高洋回到晋阳后，当即召集群臣布置政事，推行新法，革除弊政。不到一年，晋阳被治理得井井有条，欣欣向荣，百官惊叹不已，高洋见内外安定，这才宣布高澄去世，为其兄发丧。元善认为他毫无野心，便晋封他为大丞相，都督中外诸军，袭封齐王。

数月后，高洋率兵抵达邺都，逼元善帝禅位。元善闻知，惊得目瞪口呆，只好交出玉玺。高洋登台面南，改国号齐。

韬光养晦，是一种隐藏才知，不露真心，蛰收锋芒，待时而动的谋略。高洋正是采取这种谋略，最后成就了帝王的大业。

北魏节闵帝元恭，也是深谙"捭阖"之道的高手，为了登上皇位宝座，他竟然做了八年的哑巴。

北魏节闵帝元恭，是献文帝拓跋弘的侄子。孝明帝时，朝廷专权，肆行杀戮，元恭虽然担任常侍、给事黄门侍郎，但总担心有一天大祸临头，于是装病不起。过了一段时间，元恭又对外说得了喉疾，连话也说不出来了。就这样装哑巴装了将近八年。孝庄帝永安末年，有人告发他不能说话是假，心怀叵测是真，而且老百姓中间流传着他住的那个地方有天子之气。元恭听了这个消息，急忙逃到上洛躲起来，没过几天就被抓获，拘禁多日后，因无罪而得以赦免。

永安三年十二月，孝庄帝元子攸被废弑。新帝元晔不是人们愿望所推举，因元恭沉潜藏匿，有超过常人的器量，宗室打算再行废立。面对宗室的考量，元恭才再次开口说话。之后元恭顺利即位。

由此可见，“韬光养晦”古今皆同。在鬼谷子的整个思想体系中，它是以“兴亡之道”作为出发点和终结点的。然而，身为“谋略之祖”，他在其中加入了大量“制胜之术”的内容。

摸清规律，历史潮流不可逆

【原文】

故圣人之在天下也，自古及今，其道一也。变化无穷，各有所归，或阴或阳，或柔或刚，或开或闭，或弛或张。是故圣人一守司其门户，审察其所先后，度权量能，校其伎巧短长。

【译文】

所以，从古到今，凡生于世间的圣人，其道是恒一不变的。万事万物的变化虽然是无穷无尽的，但是都以避亡趋存作为它们的归宿：或阴或阳，或柔或刚，或开或闭，或弛或张。所以，圣人始终把握万物存亡的关键，审慎地考察事物的变化顺序，认清事情的轻重、缓急，度量万物的能力大小，再比较处事方法的优劣，做出正确的决策。

【延伸阅读】

在中国，“南辕北辙”的典故可说是人人皆知，其道理十分浅显：无论做什么事，首先都要认清形势、看准方向。如果大方向是错的，再努力也是白费功夫，只会离最初的目标越来越远。然而，大多数人读到这个故事，都只是一笑了之。在人们看来，世界上根本不存在这样的傻瓜。的确，“南辕北辙”反映的是一种极端的情况，那就是目标与方法完全背道而驰。而在现实生活中，我们遇到更多的情形是做事方法不对，在达到目标之后，才发现走了很多弯路。

如何才能不走或者少走弯路呢？这就要求我们在做任何一件事情之前，都要对目标和方法加以考察和分析，既不能人云亦云，也不能拘泥于前人的经验。我们要学会创造，用真正属于自己的方法去实现目标。当然，有时针对同一目标的正确方法有很多种，都能达到“殊途同归”的效果。但我们要善于找到一个最佳的方法，只有这样才能更省时、更省力地实现目标。

人们都期盼自己能获得成功，然而自身却缺乏必要的才能谋略。这样，即使空有一身本事，但看不清大势，辨不清方向，与趋势对抗，最终也只能一败涂地。

在四分五裂的五代末期，宋太祖赵匡胤稳定内部之后，立即出兵统一全国。最后，只剩下南唐和吴越两个国家。南唐后主李煜平时纵情诗酒，沉溺声色，疏于政务，对战争及国家大事一窍不通，轻易中了赵匡胤的反间计，杀害了自己能征善战的大将林仁肇和忠臣潘佑，以致在宋军压境之时，束手无策，最后只好光着身子自缚请降。

李煜是一位精于诗词、音乐和书画的聪明皇帝，但由于不懂得“兴亡”的规律，酿成了国破家亡的惨剧。纵观整个中国历史，凡不懂得“兴亡之道”，做出违背历史潮流之事的人，不管他们有多大的权势和地位，最终都不会有善终。

做人做事，一定要学会顺应趋势，要掌握做事的规律，这样才能事半功倍，取得预期的效果。

孔子周游列国，路过一个瀑布，见一老者顺着瀑布走了下去，不一会儿，在百米开外，老者又从漩涡里冒了出来。孔子甚感惊奇，问老者："你是用什么力量驾驭漩涡的？"老者回答说："我哪有那么大的力量去驾驭漩涡，我只是让漩涡驾驭着我，顺势而为，让自己顺着漩涡进去，再顺着漩涡出来。"

这个故事，让人想到冲浪运动员，他们之所以能在波峰与浪谷之间起伏翻飞，不是因为他们勇敢地驾驭了浪潮，而是聪明地顺应了浪潮。

鬼谷子告诉我们，不要做什么事情，都想着去驾驭它、征服它，有时候，顺势而为，机智地去顺应它，会让事情做得更顺利、更成功。

因人施策，练就识人的慧眼

【原文】

夫贤不肖、智愚、勇怯有差，乃可捭，乃可阖；乃可进，乃可退；乃可贱，乃可贵，无为以牧之。审定有无与其实虚，随其嗜欲以见其志意。微排其所言而捭反之，以求其实，贵得其指；阖而捭之，以求其利。

【译文】

人难免会有贤良和不肖、聪明和愚蠢、勇敢和怯懦的分别。对待不同的人，要采取不同的对策：或开放或封闭，或提升或辞退，或轻视或敬重，都要顺乎自然地加以驾驭。审察对方有什么，缺什么，以了解其虚实；通过分析他的嗜好和欲望，以摸清其意愿；适当排查对方的言论，捭开其中的矛盾，根据所掌握的情况加以诘难，以便探察实情。通过运用捭阖之道，采纳或质疑对方的言论，使对方一步步袒露真心，最终达到我的目的。

【延伸阅读】

树上没有两片完全相同的树叶，世界上也不可能存在两个完全相同的人。鬼谷子认为，我们说话、办事都要因人而异。只有全面而深刻地了解别人，才能“无为以牧之”，更好地实现“求其利”的目标。

从古至今，事业的竞争，归根结底是人才的竞争，谁能尽最大可能地发挥人才的力量，谁就可能成功。然而得到人才并不是件容易的事，正确地使用人才更是不易。在实践中，刘备总结了知人、用人、待人的基本规律，不拘一格地发掘人才、放手地使用人才，终使人才脱颖而出。

刘备少时家贫，与母亲以贩鞋织席为生。刘备年轻时，就善于结交豪侠，人人争附。虽然如此，有的上层豪强还是瞧不起他。当他已升任平原相时，豪绅刘平还是耻于在他手下为民，曾派刺客去杀害他。但当刺客受到刘备的殷勤款待后，深为感动，不仅不忍下手，还真实地吐露了来意。刘备在招聚队伍之前，已与关羽、张飞相善，三人“寝则同床，恩若兄弟”。刘备每逢公开露面时，关羽和张飞常“侍立终日，随从周旋，不避艰险”。后关羽被曹操俘获，虽深受优待，但仍不忘故主，终辞操奔刘，演绎了一曲“中原千里走单骑”的千古佳话。赵云原隶属公孙瓒，见刘备后，受到亲近和重视，也因此归附了刘备。

公元201年，刘备驻兵新野，荆州豪杰归附者日益增多。刘备认识到自己之所以屡遭挫败，主要是缺乏优秀的参谋大员，因此他就开始留心寻访此类人才。当时襄阳名士司马徽，人称“水镜先生”。刘备找他询问天下大计，徽推荐隐居的“卧龙”诸葛亮。另外，受到刘备器重的徐庶也举荐诸葛亮。两人不约而同地推举，引起了刘备对诸葛亮的倾慕，于是在历史上就留下了“三顾茅庐”的佳话。

“三顾茅庐”的故事，传诵已有一千余年，但人们所推崇的只是诸葛亮在“隆中对”中所显现出的英明远见，而对刘备访贤、用贤的识见和气量却很少提及。实际上，刘备“三顾茅庐”比诸葛亮的

“隆中对”更为难能可贵，更具有深远的影响。因为才智之士还是较多的，可是能够访才、识才、用才的帝王却累世难见，正如世言“千里马常有，而伯乐不常有”。这正是刘备的超人之处。

《论语》中有一个故事。子路和冉有都问孔子：“听到一件事，是否可以立即去做？”而孔子给两人的答案截然不同。对于子路，孔子回答：“有父亲和兄长在，为何不先问问他们再去做呢？”而对于冉有，他的回答是：“可以立即去做。”孔子之所以这样做，是因为冉有做事总是退缩向后，所以要鼓励他去做；而子路胆子大，有时很鲁莽，所以要压压他。

孔子之所以成为伟大的教育家，很大程度上是因为他懂得“因材施教”的道理。他的那些杰出的弟子受到老师的影响，在建功立业的道路上也多精于此道。孔子的得意门生子贡困齐救鲁的故事，便是其中最有说服力的例子。

据南朝宋刘义庆《世说新语》记载：有一次，王羲之的儿子献之、徽之、操之一起去拜访谢安。徽之、操之说了很多俗事，而献之只略做寒暄就离去了。有人问谢安三人谁最优秀，谢安说：“小者最胜。”并解释道：“吉人之辞寡，躁人之辞多，推此知之。”《续晋阳秋》也称献之“虽不修常贯，但容止不妄”。他虽然不善修饰，但举止庄重，比较沉静。

实践证明，谢安没有看错。王羲之是一代书法大师，他的几个儿子在书法方面都颇有造诣，而王献之的成就在兄弟中要数第一，在某些方面甚至超过了王羲之，与其父在书法史上并称“二王”。

王献之因受谢安赏识，数次升迁，仕途非常顺利。但王献之对谢安并非百依百顺。有一次，谢安想让王献之为刚建成的太极殿题写匾额，又难于开口，于是就谈起书法家韦诞为魏明帝的凌云台题匾之事。因为那块匾额距地面25丈，韦诞被放在笼内，用辘轳长绳引上去。韦诞既怕又愁，很快，头发就变白了。王献之明白谢安的用意，却认为魏明帝的做法很不人道，拒绝了谢安，这让谢安很难堪。

不过，王献之没有背叛过谢安，更没有一发迹脸就变。谢安病故时，朝廷在葬礼的规格和追赠事宜上有分歧。王献之极力陈述谢安的功绩和人品，最终促使晋孝武帝以殊礼追赠谢安。我们不能不佩服谢安的识人眼力了。

一个智者，在察人时不应只听其说了什么，而更应看其做了什么。所以，我们需要练就一双辨人识人的慧眼，隔着肚皮去读懂人心。在倡导“以人为本”的现代社会里，这可以说是任何人成就大事业的必备条件。

趋利避害，捭阖之道要活用

【原文】

故捭者，或捭而出之，或捭而内之；阖者，或阖而取之，或阖而去之。

【译文】

所以用捭或能使对方开而真实情况暴露出来，或能让对方开而使己方的观点被接纳；用阖或能使己方有所获取，或能使己方顺利地躲过祸患。

【延伸阅读】

鬼谷子的捭阖之术，说到底，是以趋利避害为目标的。就像一户人家，门一天到晚开开关关，不但有供人进出的作用，还能把粮食、家具等有用的东西关在屋里，把风雨、噪音等有害的东西关在屋外。同样，人们心中也应该有一扇这样的门，知道应该把什么关在门内，把什么关在门外。

张良本是韩国人，在秦统一天下后，为报亡国之恨，曾雇力士在博浪沙刺杀秦始皇，事败后逃亡下邳。后归附沛公刘邦，为刘邦打败项羽登上皇位、平定叛乱治理天下立下了汗马功劳。

随着西汉的建立，皇权也慢慢稳固，张良逐步从“帝者师”退居到“帝者宾”的地位，遵循着可有可无、时进时止的处世原则。他深知“飞鸟尽，良弓藏；狡兔死，走狗烹”的道理，在群臣争功的情况下，他上书说自己没有战功，只愿做留侯，不敢当三万户；对刘邦给他的封赏，他都表现得极为知足；他以体弱多病为由，专心道引之术，闭门不出；还扬言“愿弃人间事，欲从赤松子游耳”，处处表现得急流勇退。

在汉初刘邦翦灭异姓王的残酷斗争中，很少有张良的身影。在西汉皇室的明争暗斗中，张良也恪守“疏不间亲”的遗训。因此，在韩信被杀、萧何被囚的情况下，只有张良始终未伤毫毛。

刘邦称帝后，宠爱戚夫人，冷落吕后。他怎么看怎么都觉得太子刘盈软弱胆小，一点儿都不像当年的自己；又觉得吕后生性要强，有代刘而王的迹象。于是想换掉太子刘盈，改立戚夫人的儿子赵王如意为太子。

更换太子并非易事，这关系到政权的稳定及各个利益集团的命运。一时之间，满朝大臣都议论起来，更有几个大臣不惜犯颜谏争，但刘邦对之丝毫不予理会。吕后比谁都害怕和恐慌，她想尽了一切办法都没有见效，眼看太子之位将要被剥夺，难以甘心的她找到张良，逼着张良给她出主意。

起初，张良以这是皇室家事自己不方便出面而推辞，后来禁不住要挟，同时考虑到天下初定，汉朝统治根基还未稳固，各项制度还待健全，只有顺其现状，无为而治，才能安定天下、稳保江山。于是出了一个主意：“口舌之争毫无意义，徒费口水而已。皇上不能招来的只有四个人——‘商山四皓’（四皓，即四个白头发的老人），他们觉得皇上傲慢无礼而不肯来。如果就您肯下大力气，花些银两，让太子写一封言辞谦恭的信，预备车马，再请口才很好的人恳切地去聘请他们，他们应当会来。如果太子能够亲自请‘四皓’出山，出入宫廷时让‘四皓’相伴左右，皇上见到后一定会问起这件事，一旦知道四个人的贤德，太子的地位就可以稳固了。”

于是吕后赶紧让吕泽派人携带太子的书信，用谦恭的言辞和丰厚的礼品，邀请这四个人。结果，事情果真如张良所说，刘邦知道伴随太子左右的“四皓”就是自己数次去请都请不来的隐士后，大吃一惊：“我多次请你们都请不来，为什么愿意跟着我儿子呢？”

这四个人说：“您不喜欢读书人，又喜欢骂人，我们讲求义理，接受不了这种轻侮，所以就四处逃躲不愿入仕。但是我们听说太子为人仁义孝顺、谦恭有礼、喜爱士人，天下人没有谁不想为太子拼死效力的。因此我们就来了。”刘邦叹了一口气，说：“那以后就多多麻烦诸位，始终如一地好好调教和保护太子吧！”

回宫后，刘邦对戚夫人说，人心所向，大势所趋，奈何不得，更换太子之事没戏了。

此事后，张良多数时间称病不出，但吕后却因此事对他感激颇多。

不可否认，张良是个聪明人，他深知趋利避害的道理。所以，即使身处是非之地，也可以让自己远离灾祸。这也是捭阖之术之中所说的“捭而去之”。

谨言慎行，信口雌黄生是非

【原文】

捭阖者，道之大化，说之变也。必豫审其变化，吉凶大命系焉。口者，心之门户也；心者，神之主也。志意、喜欲、思虑、智谋，此皆由门户出入。故关之以捭阖，制之以出入。捭之者，开也，言也，阳也；阖之者，闭也，默也，阴也。

【译文】

捭阖是万物运行的动力，也是游说活动须遵循的一种策略。游说前人们必须预先慎重地考察自己的言论可能引起的后果，这关系到当事人的吉凶命运。口是人们心灵的门窗，心是精神的居所。人的意志、情感、欲望、思想和智谋都要由口说出。因此，必须用捭阖之道来把守这个关口，以控制其出入。所谓“捭”，就是使之开放、发言、公布观点，这就是阳；所谓“阖”，就是使之闭口、缄默、隐匿思想，这就是阴。

【延伸阅读】

在前面解决了说还是不说的问题之后，这里鬼谷子又回答了“该怎么说”的问题。鬼谷子认为，嘴巴是一个人宣泄情感的门户，要注意开合，以“谨言慎行”为原则，把有益的话、动听的话放出来，把有害的话、得罪人的话关在肚子里。不会说话、行事鲁莽的人，不但很难处理好人际关系，而且还会引来一些是非。

有一天，张明坐地铁的时候，有三个打扮漂亮的妹子站在了他的身边。过了一会儿，又上来了一对情侣，男生高挑帅气，女生长相一般。

这个时候，身边的几个女生开始悄悄议论那对情侣。“他们真心不般配！”“你看那个女生真胖。”“这男生眼神是有多不好使”……

张明当时就觉得：人家是胖，但是吃你家米饭了吗？别人的事，又关你们什么事？

不要随意评价别人的容貌，因为这不关你的事。不要随意评价别人的能力、贫富，因为别人不靠你吃饭。不要随意评价别人的品行，因为你未必有别人高尚。

俗话说：“东西可以乱吃，但话不能乱说。”有时候单方面的角度随意议论，人传人，只会越传越离谱。要知道有时候语言可以温柔，也可以残忍地毁掉一个人。

有时候，一个人知道自己的不足，受人指点可以，但不允许别人对自己指指点点。因为自己的余生可以自己好好过，不用别人瞎指教。自己也不必为了显示优越感，而给别人难堪。

一个 40 多岁的优雅女人领着她的儿子走进某著名企业总部大厦楼下的花园，并在一张长椅上坐下来吃东西。

不一会儿女人随手往地上扔了一张废纸，不远处有个老人在修剪花木，他什么话也没有说，走过去捡起那张废纸，把它扔进了一旁的垃圾箱里。

过了一会儿，女人又扔了一张。老人再次走过去把那废纸张捡起扔到了垃圾箱里……就这样，老人一连捡了三次。

妇女指着老人对孩子说：“看见了吧，你如果现在不好好上学，将来就跟他一样没出息，只能做这些卑微低贱的工作！”

老人听见女人的话后放下剪刀过来说：“您好，这里是集团的私家花园，您是怎么进来的？”

中年女人高傲地说：“我是刚被应聘来的部门经理。”

这时一名男子匆匆走过来，恭恭敬敬地站在老人面前，对老人说：“总裁，会议马上就要开始了。”

老人说：“我现在提议免去这位女士的职务！”

“是，我立刻按您的指示去办！”那人连声应道。

老人吩咐完后径直朝小男孩走去，他伸手抚摸了一下男孩的头，意味深长地说：“我希望你明白，在这世界上最重要的是要学会尊重每一个人和每个人的劳动成果……”中年女人被眼前骤然发生的事情惊呆了。

故事中的中年妇女之所以会说那样的话，是因为她不清楚对方的身份——以为对方只是一个普通的工人。在生活中，像这样的人有很多，他们自我感觉良好，在表现自我优越感的同时，无意中伤害了他人。

还有一些人，他们也未必谈论的是什么国家大事，都是“张家长、李家短”的一些小事，特别以谈论人家的隐私为乐。每个人的心灵里都会有一些最柔弱的地方不愿被别人触碰，也都会留下几幅记忆的图片，宁愿关起门来，一个人在灯下独自欣赏。自道隐私不是坦白、直率，它会使你和别人陷入尴尬，而随便谈论别人的隐私则容易造成有意无意的伤害。

无论何时何地，都要谨言慎行。莫多嘴，莫插话，人问再讲，不问莫言。多嘴乃惹祸上身之源，百分之九十九的是非都是在闲言碎语中产生的。看看历史，哪个贤哲、尊贵者不是寡言少语？哪个无事生非的小人不是滔滔不绝、口无遮拦？所以，智者寡语，尊者少言，贤者讲之以时。

表达有方，好事坏事悠着说

【原文】

阴阳其和，终始其义。故言长生、安乐、富贵、尊荣、显名、爱好、财利、得意、喜欲，为“阳”，曰始。故言死亡、忧患、贫贱、苦辱、弃损、亡利、失意、有害、刑戮、诛罚，为“阴”，曰终。

【译文】

阴阳双方相互协调，从始到终都要符合捭阖之理。所以，把凡是有关长生、安乐、富贵、尊荣、显名、爱好、财利、得意、喜欲的，都视作“阳”，称为“始”。把凡是有关死亡、忧患、贫贱、苦辱、弃损、亡利、失意、有害、刑戮、诛罚的，都视作“阴”，称为“终”。

【延伸阅读】

鬼谷子在此论述了说话的基本原则，说白了无非两点：好事要先说、公开说；坏事要后说、私下说。这样做的理由很简单，就是“人性”两字。

比如，批评人的话，就不宜公开来说，即使是轻微的批评，当着别人的面说，也会让人感觉不舒服，如果批评者态度不诚恳，或者居高临下，冷峻生硬，反而会引发矛盾，产生对立情绪，使批评陷入僵局。

王斌是某大型私企的产品检验主管，他不仅人长得英俊，才能也是数一数二的，因此难免有些得意。

在工作中，他和助手因为对一个产品的质量标准问题发生了争执。助手说产品已经达到行业标准，而且现在离交付给客户的时间已经不远了，没有必要再做检验了。

而王斌对助手的这种态度很不满意，说："我们自己苦点累点都没有关系，但要对客户负责，要对自己的职业道德负责。这次实验的意义非常重大，所以有必要再精确地做一次，以防万一。"

助手本来性格就有点急，再加上连日来加班身体疲惫，一听到这些话就有些火了。他反抗说："我哪一次没有对客户负责了？还用不着你提醒我。难道全厂只有你一个人对客户负责吗？"说完，气呼呼地转身就走。

王斌以为自己是部门负责人，而且工作又有经验，这样就能使助手听从他的意见，其实他错了。

有的人批评人时总喜欢说"你应该这样做……""你不应该这样做……"，仿佛只有他的看法才是正确的，这种自以为是的口吻只会引起别人的反感。

"人只有敬服的，没有打服和骂服的。"当你说出"你错了"或"你为什么这么笨？出这样的错误……"这种直露的指责，容易把人一棍子打死，从而挫伤对方的自尊。毕竟，人人都有自尊。罗宾森教授在《下决心的过程》一书中说过一段富有启示性的话："人，有时会很自然地改变自己的想法，但是如果有人说他错了，他就会恼火，更加固执己见。如果有人不同意他的想法，那反而会使他全心全意地去维护自己的想法。不是那些想法本身多么珍贵，而是他的自尊心受到了威胁……”当自尊心被刺伤之后，留给心灵的只有伤痕。

如果一个人希望依仗强势来压服对方，说出“你必须听我的，改变那种做法……”这种命令式威吓，即使对方出于下级服从上级的可能，表面服从了你，也只是暂时的。他的心里一定怨恨你。至于当面揭短，让对方出丑，说不定会使对方恼羞成怒，或者干脆耍赖，出现很难堪的局面。那样的话，不管你用什么方法证明对方错了，都无疑是一种挑战。特别是当对方对你早就积怨很深时，更不能用激烈的批评来刺激对方。所以说，在批评、纠正他人的错误之前，先要停一下，想一想如何更客观、更准确、更婉转，更能达到目的。

同样的道理，在说一些“好话”时，比如赞美他人，最好要当着别人的面来说。因为你私下赞美对方时，对方极有可能以为那是应酬话，恭维话，目的只在于安慰自己罢了。如果是通过第三者来传达，或是当着许多人的面来夸奖对方，那效果就大不一样了。此时，当事者必然认为那是认真的赞美，毫不做作，于是真诚接受，对你感激不尽。如果这个人是你的下属，在深受感动之下，他会更加努力工作，以报答你的“知遇”之恩。

现实生活中，人人都想拥有良好的人际关系，那就不能不研究说话的艺术。这并不是说要人们违背坦诚真实的原则，去花言巧语，伪装和善，而是说应像触龙那样讲究说话的方式——先说什么，后说什么，都要巧妙安排。这便是鬼谷子所说的“阴阳其和，终始其义”。

第二章

反应：圣人之道，不可不察

本章“反应”其实阐释了一种回环反复的思考方法。在对客体的观察中，只有回环往复的思考才能接近事件的真相，获得真知。

鬼谷子认为，在辩论和游说时要“重之”“习之”“反之”“复之”，运用“象比之辞”或用象征性的事物加以说明，或引用相关事件启发他人。此即“圣人之道”。它的实质是，对游说对象进行回环往复的考察和观察，由此接近事实真相，达到目的。另外，本章还提出了把握对方谈话之道的一些方法。如，如何让人说出真话，辨清对方是真情还是诡诈等，这都说明了发挥主观能动性的作用。

以史为鉴，反观以往明得失

【原文】

古之大化者，乃与无形俱生。反以观往，覆以验来；反以知古，覆以知今；反以知彼，覆以知已。动静虚实之理，不合于今，反古而求之。事有反而得覆者，圣人之意也，不可不察。

【译文】

古代以大道教化天下的圣人，是与无形的道共生的。回顾观察过去，再来预测未来；回顾了解历史，再来认识现在；回顾了解对方，再来弄清自己。若对事物动静与虚实的判断，如果与今天不相符合，不应怀疑鉴古知今的方法，而应更深入地研究历史，求得符合规律的认识。事情一定要通过反反复复的认识过程，这是圣人的主张，我们每个人不能不认真考察。

【延伸阅读】

唐太宗李世民曾言:“以铜为镜，可以正衣冠；以史为镜，可以知兴替；以人为镜，可以明得失。”作为一个纵横家，鬼谷子在这里阐明了“反以观往，覆以验来；反以知古，覆以知今；反以知彼，覆以知已”的方法论。

“以史为镜，可以知兴替。”一般情况下，借用历史人物和事件去劝说别人，更能令对方肃然警醒，收到良好的说服效果。中外历史上不乏这样巧妙说服的例子，如美国最早决定研制原子弹，就是罗斯福总统“以史为镜”的结果。

1937年，爱因斯坦等科学家委托美国总统罗斯福的私人顾问萨克斯约见罗斯福，要求美国抢在纳粹德国之前造出原子弹。不料，罗斯福听了萨克斯的建议，冷淡地说：“我听不懂什么核裂变的理论，现在政府无力投巨资研制这种新炸弹，你最好不要管这件事情了！”事后，罗斯福觉得自己的态度有点儿过火，为表歉意，他邀请萨克斯共进一次早餐。萨克斯冥思苦想，准备利用这个机会说服总统。第二天清晨，萨克斯与罗斯福一起来到餐厅。刚一落座，罗斯福便说：“那天我的态度不好，抱歉！科学家们老爱异想天开。今天可不许你再提原子弹的事了！”

“那我就谈一点儿历史，好吗？”萨克斯平心静气地讲了起来，“当年拿破仑横扫欧洲，不可一世。但是他虽然在陆地作战时总是旗开得胜，在海战中却不尽如人意。有一次，一个叫富尔顿的美国人来见他，建议他砍断法国战舰的桅杆，安装上蒸汽机，把船板换上钢板，并说这样就会所向无敌，很快占领英伦三岛。拿破仑心想：船没了帆就无法行驶，船板换上钢板肯定会沉没。他认为富尔顿是个疯子，竟然把他赶走了。今天的历史学家们说：如果拿破仑当时采用了富尔顿的建议，那么整个欧洲的历史就会被改写。”罗斯福听罢，脸色变得严肃起来，他沉思片刻，然后对萨克斯说：“你赢了，我们马上着手研制原子弹！”

聪明的萨克斯不直接对罗斯福总统谈原子弹的问题，而是以拿破仑拒绝技术革新的重大失误为例，使自称听不懂核裂变理论的罗斯福总统很快接受了科学家们的建议，做出了研制原子弹的重大决定，在反法西斯的战争中占据了先机，也改变了整个世界现代史的进程。

“以人为镜，可以明得失。”借用自己或别人过往的经验，方能以更稳健的步子走过今天，迈向未来。

在现实生活中，我们除了要学习书本上的知识，还要学习他人的经验、教训，通过学习别人的经验与教训，可以让自己少走弯路。聪明的人在经历一段波折坎坷后，会“吃一堑，长一智”，总能得到一些经验和启示，不会第二次犯同样的错误。比如，好多人都被狗咬过，当他们再次看到狗的时候，第一种人采取大呼小叫、拔腿就跑的办法，结果适得其反，助长了狗的嚣张气焰，再次被狗咬就在所难免；第二种人看见狗来了，只是弯了弯腰，装出从地上拾块砖头的样子，狗马上夹着尾巴溜之大吉了。第一种人曾经付出过代价，但他没有从已付出的代价中得到什么启示和有益的东西。而第二种人则从第一次被狗咬的经历中吸取了教训，避免了再次被狗咬到。这即是我们所说的“以史为镜”。

逆势而为，学会用反向思维

【原文】

故善反听者，乃变鬼神以得其情。其变当也，而牧之审也。牧之不审，得情不明；得情不明，定基不审。变象比，必有反辞，以还听之。欲闻其声反默，欲张反敛，欲高反下，欲取反与。

【译文】

所以，凡是善于从反面听人言论者，为了能刺探到实情，总是像鬼神一样多变。他们变化很得当，也能详尽考察对方。若不能详尽考察对方，得到的信息就不明了；信息不明了，交谈的基调就不确实。如果对对方实情不明了，就要用形象、类比之法，说反话刺激对方，通过观察对方的反应，即可探测到实情。想要听对方讲话，我应保持沉默；想要对方敞开心扉，我应暂且收敛；想要使对方高傲起来，我应表现得谦恭一些；想要从对方获取什么，我就要先给予点什么。

【延伸阅读】

所谓“反其道而行之”，是利用一种非常规的思维，指导自己的言谈和行动。比如，在言谈中说反话刺激对方，观察对方的反应，从中得知真情。

多走一走与目标相反的道路，就像鬼谷子说的“欲闻其声反默，欲张反敛，欲高反下，欲取反与”，往往能够收到良好的效果。

对诸葛亮导演的“空城计”，大家都不陌生。诸葛亮驻扎在西城的时候，马谡失了街亭，司马懿带兵势如破竹，直取西城而来，诸葛亮手里只有老弱病残一千多人，干脆大开城门，命几名老兵洒扫街道，自己带个书童，坐在城楼上弹起了琴，还邀请司马懿进城，看司马懿犹豫不定，还装模作样责怪司马懿顾虑太多，吓得司马懿大将军悻悻而退。诸葛亮为什么能这么死死地吃定司马懿？用的就是反向思维，或者说是高层次的换位思考。

诸葛亮通过“观”这个手段，知道司马懿生性多疑，又是个很求稳的人，所以，出了个题目给司马先生：“我到底是有埋伏，还是没有埋伏？”司马懿之前取了包括街亭在内的三座城池，肯定不愿意这份天大的功劳葬送在这个题目上的。诸葛亮在大敌当前的情况下，不是积极调兵增援，也不是弃城而逃，而是赌了一把自己对司马懿的认识，使人不能不感慨他的反向思维能力。

与诸葛亮一样聪明，但是将反向思维用错了地方，最终掉了脑袋的，恐怕只有杨修了。杨修是个非常聪明的人，非常会揣测曹操的意图。有一次，手下人给曹操修了个院子，曹操一看，也不说话，只在门上写了个“活”字，工匠们百思不解。这时，杨修站出来说：“门里加个‘活’字，就是‘阔’，丞相是嫌门宽了。”工匠们照杨修说的一改，曹操满意了。按说，一般的领导看到手下有这么善解人意的秘书，高兴还来不及，可曹操偏不，曹操觉得杨修会坏自己的大事。

后来有次打仗，手下的将官来问曹操，今天晚上的口令是什么，曹操正为战事苦恼，觉得这个仗打赢了，没多少甜头，打输了更划不来，于是，看着碗里的菜随口一句“鸡肋”。这个杨修也是命里该绝，知道这个口令后，到处和人说："赶紧收拾行李，丞相要撤兵了！"曹操晚上出来巡营，看见士兵收拾东西，大为惊异，一问才知道，是杨修这个家伙泄了自己的心思，于是责怪杨修惑乱军心，遂命人砍了杨修的脑袋。

杨修利用反向思维，可以猜到曹操是怎么盘算战局的，可偏偏忽视了曹操是最嫉恨别人揣测他心理活动的，如果杨修仔细看过《鬼谷子》，知道"欲闻其声反默，欲张反敛，欲高反下，欲取反与"，想必也不会这么白白丢了性命。

所以说，反向思维是个好东西，但关键是怎么用。

宋神宗熙宁年间，越州（今浙江绍兴）闹蝗灾。只见蝗虫乌云般飞来，遮天蔽日。所过之处，禾苗全无，树木无叶，庄稼颗粒无收，一片肃杀景象。这时，素以多智、爱民著称的清官赵汴被任命为越州知州。赵汴一到任，首先面临的是救灾问题。越州不乏大户之家，他们有积年存粮。而老百姓在青黄不接时，大都过着半饥半饱的日子，一旦遭灾，便缺大半年的口粮。灾荒之年，粮食比金银还贵重，哪家不想存粮活命？一时间，越州米价飞涨。

面对此种情景，僚属们都沉不住气了，纷纷来找赵汴，求他拿出办法来。借此机会，赵汴召集僚属们来商议救灾对策。大家议论纷纷，但有一条是肯定的，就是依照惯例，由官府出告示，压制米价，以救百姓之命。僚属们说附近州县已经出告示压米价了，我们倘若还不行动，米价天天上涨，老百姓将不堪其苦，会起事造反的。赵汴静听了大家发言，沉思良久，才不紧不慢地说："今次救灾，我想反其道而行之，不出告示压米价，而出告示宣布米价可自由上涨。""啊！"众僚属一听，都目瞪口呆，先是怀疑知州大人在开玩笑，而后看知州大人蛮认真的样子，又怀疑这位大人是否吃错了药，在胡言乱语。赵汴见大家不理解，笑了笑，胸有成竹地说："就这么办，起草文告吧！”官令如山倒，大人说怎么办就怎么办。不过，大家心里都直犯嘀咕：这次救灾肯定会失败，越州将饿殍遍野，越州百姓要遭殃了！

这时，附近州县都纷纷贴出告示，严禁私增米价。若有违犯者，一经查出，严惩不贷。揭发检举私增米价者，官府予以奖励。而越州则贴出不限米价的告示，于是，四面八方的米商闻讯而至。开始几天，米价确实增了不少，但买米者看到米上市得太多，都观望不买。过了几天，米价开始下跌，并且一天比一天跌得快。米商们若不卖再运回去，一则运费太贵，增加成本；二则别处正在限米价，只好忍痛降价出售。这样，越州的米价虽然比别的州县略高点儿，但百姓有钱可买到米。而别的州县米价虽然压下来了，但百姓排半天队，却很难买到米。所以，这次大灾，越州饿死的人最少，以赵汴为首的官员也因此受到朝廷的嘉奖。

僚属们佩服赵汴的高明，纷纷来请教其中原因。赵汴说：“市场之常性，物多则贱，物少则贵。我们这样一反常故，告示米商们可随意加价，米商们都蜂拥而来。吃米的还是那么多人，米价又怎能涨得上去呢？”

透过事物的表象，掌握了事物发展的规律，赵汴打破惯例的做法引来了诸多米商，从而使整个城中的粮食增多，米价下跌，百姓受益。这一反其道而行之的做法，不仅解决了百姓的燃眉之急，还受到了朝廷的嘉奖，实在是高明至极呀！

引起共鸣，隔着肚皮来攻心

【原文】

欲开情者，象而比之，以牧其辞，同声相呼，实理同归。或因此，或因彼，或以事上，或以牧下。此听真伪，知同异，得其情诈也。

【译文】

如果想了解对方的内情，可用象形和比喻的方法，以便把握对方的言辞。同类的声音可引起共鸣，切实的道理会有共同的结果。或者用在此处，或者用在彼处，或者用来侍奉上司，或者用来管理下属。这也是分辨真伪、了解异同，以分辨对手是真情还是诡诈的有效方法。

【延伸阅读】

这里，鬼谷子阐述了快速俘获人心的基本原则，即多观察一个人的语言、动作、表情，并善于借助象形、比喻的方法，来引起对方内心的共鸣。这样，才更容易了解对方的真心，以决定下一步的行动。

战国时，有一年，楚国进犯齐国。齐威王知道自己不是楚国的对手，只好拿出黄金 100 两，车马 10 辆作为礼物，派使者前往赵国求救。使者看着这些礼物，忽然大笑起来。齐威王很奇怪，就问他为什么笑。使者回答说："今天一早，我看到一个农夫在路旁祷告。他面前摆着一小盅酒，祈求说：'老天爷啊，请您保佑我好运，让我五谷满仓，金银满箱，长命百岁，儿孙满堂。'我见他的祭品微薄，却对老天爷提出这么多要求，不由得越想越好笑。"齐威王听了恍然大悟，他立即把送给赵王的礼物增加了十倍。赵王接到齐国使者送来的礼物后很高兴，马上派出精兵增援齐国。楚国得知赵国出兵的消息后，就撤兵回国了。

齐威王企图用微薄的礼物去换取赵国的救兵，这是非常不明智的。但使者没有直接指出齐威王的错误，而是巧妙借一个农夫的吝啬行为加以暗示，首先引起了齐威王的共鸣，使他也直观地感觉到农夫的愚蠢，继而对比思索自己的行为，切实意识到自己的错误。

言辞能引起对方内心的共鸣，这是游说的一种极高境界。而只有达到这种境界的人，才有可能完成不可能完成的任务，达到不战而屈人之兵的游说效果。

东汉顺帝时，外戚专权，百姓生活艰难。广陵人张婴不堪忍受暴政，聚众起义，纵横扬州、徐州一带几十年，劫富济贫。朝廷屡剿无功，深感头疼。当时朝中有一名叫张纲的御史，此人廉洁刚正，得罪了不少权贵。于是，掌权的外戚梁冀便上奏顺帝，任张纲为广陵太守，让他平息暴动，企图借刀杀人。张纲到了广陵，单车独行直入张婴大营。张婴十分惊讶，便出来相见。张婴冷冷地问道："太守大人屈尊来到贼营，不知有何见教？"张纲站起身来，施礼说："将军何出此言？下官办事不周，不恤民情，以至陷民于水火之中。俗话说，'官逼民反'，将军清廉自律，行侠仗义之举，实令下官敬佩不已。"张纲这番话出乎张婴的意料，他急忙站起来赔礼，激动地说："太守早来十年，我张婴何至于此？我是个草莽之人，不知礼仪，更无法结交朝廷，我也知道自己是釜底游鱼，苟延残喘而已，哪里活得长久？今天大人到此，就给我指点迷津吧！”就这样，张纲用安抚的办法，不动一兵一卒，经过与张婴反复协商，妥善处置，终于平息了广陵的暴乱。

张纲说服张婴，不是靠威压，也不是靠利诱，而是采取了攻心之法。他首先承认自己的失职，将责任揽到自己身上，然后称赞张婴为民赴险，成功地打动了张婴，也攻破了张婴的心理防线。这正符合古人所说的“攻心为上”的原则，因而才能不费一兵一卒就平息暴乱。

俗话说：“将心比心，凭凭良心。”心灵感化的力量，比严酷的刑罚更为强大。如果多一个人懂得这个道理并付诸行动，人世的纷争就会少一点儿，世界会变得更美好一点儿。

见微知著，窥一斑而知全豹

【原文】

虽非其事，见微知类。若探人而居其内，量其能射其意，符应不失，如螣蛇之所指，若羿之引矢。

【译文】

了解他人，虽然未获得全部信息，但可以根据细微的迹象，预见其发展的趋势，这就是“见微知类”的方法。好比钻到人的心中来探测人一样，近距离度量其能力，摸清其意图，其结果必与实际相符而不失真，如同螣蛇所指祸福不差、后羿之射箭一样准确无误。

【延伸阅读】

“窥一斑而知全豹”就是指要“见微知类”，另有一句俗语叫作“见一叶落而知天下秋”。一个具有远见卓识的人，能从细微的迹象中预见到发展趋势，具有先知先觉的特殊本领。

商朝时期，箕子是家喻户晓的人物，他拥有高尚的品德和很强的观察力。有一次，他到纣王那里汇报工作，偶然看到了纣王的生活出现了一点儿小变化，虽然这个细节在表面上看起来没有什么大不了的，可是箕子看到后却大惊失色。

究竟是一个怎样的细节让箕子这么慌张呢？其实箕子看到的就

是纣王用了一双象牙做的筷子。

箕子联想了很多，他认为，一个人用象牙筷子吃饭，就一定不肯用陶土做的碗和盘子了，而是会用犀牛角或者玉做的杯子和盘子；随着餐具的变化，那么食物也会跟着变化，装的食物便不可能是青菜豆腐了，肯定会是山珍海味、大鱼大肉。

食物改变了，人穿的衣服也会变化，用麻布做成的衣服不会再流行了，大臣们会用更好的布料做成衣服，下一步将会制作豪华的马车，建造更高更好的房子，追求享受。

有一天，纣王整夜喝酒享受，不理会国家大事，竟然忘了日期，他询问了周围的人，大臣们都说不知道，纣王就找人问箕子。

箕子和他的徒弟说："皇帝不记得日期就是天下所有的人都不记得日期，不是好的现象，商朝已经到危险的时候了。一个国家的人都不知道日期，就我一个人知道，那我现在也是特别危险。"箕子让徒弟告诉别人："箕子喝醉了，也不知道日期。"

后来箕子多次劝纣王好好治理国家，可是纣王却不理会，让箕子非常失望。最后，不到五年的时间，纣王就被周武王所灭。

从一双象牙筷子的奢侈开始，商纣王毁掉了商朝数百年的基业。而箕子能从一双象牙筷子就预见纣王的堕落，确实是很有见地的。

明朝有个叫万二的商人，和箕子一样，也有通过一件小事就能预见将来的智慧。当时是洪武初年，朱元璋江山刚刚坐定。有一回，一个同行去京城办事，回来后说皇帝最近写了首诗："百官未起我先起，百官已睡我未睡。不如江南富足翁，日高五丈犹披被。"这首诗的前两句是形容自己勤政为民，后两句是羡慕江南富豪的生活状态。一般人听了，不会产生任何联想，但万二听了却大吃一惊，因为他从这首诗中听出了弦外之音，感觉灾祸要来了。他把家产托付给管家，自己买了条大船，载着妻子儿女走了。一年以后，朱元璋下令将江南大族的家产全部没收入官，很多富豪被流放充军，万二却因为早就预见到了灾祸而得以善终。

窥一斑而知全豹，这是一种高层次的判断能力。在现实生活中，善于观察的人，总是能通过一些细节，或是微小的事物，发现某种趋势，并预料到可能的结果。

有一位女生在大学一年级时爱上了一位大学四年级的优秀男生。后来她和那位男生绝交了，因为有几件事使她不快。一天晚上她和他去看电影，排队买票，有一个卖口香糖的小孩走过去说，先生买包口香糖吧，他居然呵斥他；有一次晚上黄昏他们去散步，坐到路边的椅子上面，晚风徐徐地吹来，夕阳在天边映照，天上有繁星点点，没想到他跳起来猛踩地上的蚂蚁……经过分析，她觉得他没有爱心，并且生性残暴，他们就为此而分了手。这个男生毕业后就结婚了，但九个月以后就离婚了，原因是：他与妻子因一点儿小事发生了些口角，他暴打了妻子一顿。这个消息传到这位女生的耳朵里，女生心想，当初如果没有和他分手的话，那个被打的人必然就是她了。这就叫作“见微知著，观其眸者察其言”，所以一个人的真实情况如何，如果我们平常注意去观察，是藏不住的。

从细节就能够看出事情未来的趋势变化，所以说“细节决定成败”这句话很有道理，而且细节不光可以反映事物，更能够看出一个人的品质。

细节，看起来不起眼，但是很多时候，这些微不足道的细节可以折射出事物的发展和变化。识人、识事，固然应该从大处着眼，但切不可忽视细节。正所谓“细枝末节，时见闪光之点；点滴毫末，总有端倪可现”。可以说，这与鬼谷子所说的“虽非其事，见微知类”是同一个道理。

知之始己，自知而后方知人

【原文】

故知之始己，自知而后知人也。其相知也，若比目之鱼；其见形也，若光之与影。其察言也不失，若磁石之取针，如舌之取燔骨。

【译文】

所以，要想掌握情况，要先从自己开始。只有先了解自己，才有可能了解别人。了解自己与了解别人，应如同比目鱼那样是两两并列而行的。对方一现形，就像光一样显露出来，己方就像影子一样，立即捕捉到对方的实情。己方做到了自知，在观察对方的言辞，从而得到己方想要的东西时，就像磁铁取针，舌头从炙肉中褪出骨头一样容易。

【延伸阅读】

自知之明是一个自我认知的结果。做人没有自知之明，就像自己从来不照镜子，你只知道别人口中的你，却从来没有看过真实的自己。别人口中的自己不一定是真实的自己，那只是别人想法中的你。

山上的寺院里有一头驴，每天都在磨坊里辛苦拉磨，天长日久，驴渐渐厌倦了这种平淡的生活。它每天都在寻思，要是能出去见见外面的世界，不用拉磨，那该有多好啊！

不久，机会终于来了，有个僧人带着驴下山去驮东西，他兴奋不已。

来到山下，僧人把东西放在驴背上，然后返回寺院。没想到，路上的行人看到驴时，都虔诚地跪在两旁，对它顶礼膜拜。

一开始，驴大惑不解，不知道人们为何要对自己叩头跪拜，慌忙躲闪。可一路上都是如此，驴不禁飘飘然起来，原来人们如此崇拜我。当它再看见有人路过时，就会趾高气扬地停在马路中间，心安理得地接受人们的跪拜。

回到寺院里，驴认为自己身份高贵，死活也不肯拉磨了。

僧人无奈，只好放它下山。

驴刚下山，就远远看见一伙人敲锣打鼓迎面而来，心想，一定是人们前来欢迎我，于是大摇大摆地站在马路中间。那是一队迎亲的队伍，却被一头驴拦住了去路，人们愤怒不已，棍棒交加……驴仓皇逃回寺里，已经奄奄一息，临死前，它愤愤地告诉僧人："原来人心险恶啊，第一次下山时，人们对我顶礼膜拜，可是今天他们竟对我狠下毒手。"

僧人叹息一声："果真是一头蠢驴！那天，人们跪拜的，是你背上驮的佛像啊。"

人生最大的不幸，就是一辈子不"自知"。

有时我是"我"，有时我不是"我"，有时认识自己比认识世界还难。每天我们都有照镜子，但是我们在照的时候，是否问过自己一句话："你认识自己吗？"

我们总是误以为别人崇拜我们。其实，很多时候人家崇拜的是你的财富、权利、美貌等这些你身上附加的种种，当财富、权利、美貌等身外附加之物过了质保期，你也许就会面临被抛弃的结局……

所以，我们要清楚：别人崇拜的只是他们自己心中的需求，而不是你。因此“自知”非常重要。

认不清自己的人，也很难看清别人。我们常常听到这样一句话：“知人善任”，说的是作为领导的只有“知人”才能很好地任用人才，发挥人才的作用。那么作为我们普通人，如果能够做到“知人”，那么就能够很好地和人们友好相处。

《吕氏春秋》里有一段，讲孔子周游列国，曾因兵荒马乱，旅途困顿，三餐以野菜果腹，大家已七日没吃下一粒米饭。

一天，颜回好不容易要到了一些白米煮饭，饭快煮熟时，孔子看到颜回掀起锅盖，抓了些白饭往嘴里塞，孔子当时装作没看见，也没去责问。

饭煮好后，颜回请孔子进食，孔子假装若有所思地说：“我刚才梦到祖先来找我，我想把还没人吃过的米饭，先拿来祭祖先吧。”

颜回顿时慌张起来：“不可以的，这锅饭我已先吃一口了，不可以祭祖先了。”

孔子问：“为什么？”

颜回涨红脸，嗫嚅说：“我刚才在煮饭时，不小心掉了些灰在锅里，染灰的白饭丢了太可惜，只好抓起来先吃了，我不是故意把饭吃了。”

孔子听了，恍然大悟，对自己的观察错误深感愧疚，于是教导弟子们说：“我平常对颜回最信任，但仍然还会怀疑他，可见我们内心是最难确定稳定的。内心的自我判断，有时还会错误，弟子们大家记下这件事，要了解一个人，还真是不容易啊！”

所谓“知人”难，相知相惜更难。逢事必从上下、左右、前后、里外各个角度来认识辨知，我们主观的了解观察，只是真相的千分之一，单一角度判断，是不能达到全方位的了解的！

方圆之略，待人接物有方寸

【原文】

其与人也微，其见情也疾。如阴与阳，如圆与方。未见形，圆以道之；既见形，方以事之。进退左右，以是司之。

【译文】

（通过言语等方式刺激对方时，）我们给予对方的很少，对方就会马上向我们道出很多实情。这就如同由阴变阳、由阳转阴，又如同由圆变方、由方转圆。它们互为条件，相反相成。在未弄清对方实情以前，我应以防御性的圆通手法对之，以化解对方的进攻；弄清对方实情以后，我应以进攻性的方略对之，以求战胜对方。无论是前进还是后退，或是左右移动，都可用上述圆方之道来掌握。

【延伸阅读】

中国人常说“没有规矩不成方圆”“有所不为才可有所为”，就是强调了“做事方正”这个道理，做事要方正，便是说做事要遵循规矩、遵循法则，绝不可乱来，这个道理在中国已流传了上千年。鬼谷子认为，无论是防御性的圆略，还是进攻性的方略，都要根据具体情况，把握好分寸。这样就能达到进退自如的效果，否则就可能处处受困。

《菜根谭》中说：“建功立业者，多虚圆之士”。意思是建大功立大业的人，大多是能谦虚圆活的人。而事业失败、错失良机者，必然是顽固褊狭的人。“虚圆”就是不囿于既有的价值观与固定观念，能接受任何事物的能力，这么一来，不论情势如何变化，都能灵活应对。而固执自己狭隘见解的执拗者，却做不到这一点，若是思考与行动皆生硬僵化，是很难在人生的舞台上游刃有余的。

我们老祖宗历来推崇“方圆之道”，认为“方为做人之本，圆为处世之道”。所谓“方”，指的是一个人内心要有自己的主张和原则。所谓“圆”，指的是一个人外在应该圆滑世故，融通老成。

东晋元老重臣王导，晚年纵情玩乐不理政事，朝廷官员对此怨声载道，都说他年迈糊涂，百无一用。但王导自言自语：“人言我愦愦，后人当思此愦愦。”意思是说：现在有人说我昏聩无能，但后人将会因我现在的昏聩无能而感激我。此话怎讲?

原来，自五胡乱世之后，大批北方人迁居南方，在给南方带来先进的生产力的同时，也因为文化冲突等因素带来了秩序上的混乱。不仅是下面局势乱，朝廷也好不到哪里去。东晋立国之初，皇帝被权臣们如走马灯似的换上换下。权臣之间互相倾轧，士族与庶族矛盾重重。如此多的矛盾纠葛在一起，王导剪不断、理更乱。他只要宣布有任何偏袒性的政策或做一丝有偏袒性的举动，都有可能引起矛盾的激化。而矛盾一激化，就远非根基不牢的东晋新政所能掌控的了。王导只好稳坐钓鱼台，无为而治。等各种矛盾在斗争中达成平衡后，东晋的政权也就稳定了。王导死后，东晋果然有了中兴之气象。难怪后代史学家都评论王导是一个明白的官员。

道家思想的核心是“无为”。在老子五千字的《道德经》中，就有十二处提到“无为”。值得注意的是：老子所谓的“无为”，不是“无所作为”，而是顺应自然，不妄为的意思。唐末五代道士杜光庭认为:“无为者，非谓引而不来，推而不去，迫而不应，感而不动，坚滞而不流，卷握而不散也。谓其私志不入公道，嗜欲不枉正术，循理而举事，因资而立功，事成而身不伐，功立而名不有。”

老子曾经赞美水说：上善若水。他认为水有七种美德（七善），其中有两种分别为“事善能”“动善时”。前者的意思是：处事像水一样随物成形，善于发挥才能。后者的意思是：行动像水一样涸溢随时，顺应天时。由此可见，道家的无为，实质上是指遵循事物的自然趋势而为，即凡事要“顺天之时，随地之性，因人之心”，而不要违反“天时、地性、人心”，凭主观愿望和想象行事。

随便一点儿，随和一些，水自漂流云自闲，花自零落树自眠。世间热闹纷扰，你抽身而出，不为利急，不为名躁，不激动，不冲动，进退有据，左右逢源。这样貌似糊涂的人生，何尝不是一种幸福人生?

学习圆方之略，需要解决的一个重要问题是如何对待别人的错误。倘若别人无意中犯了错误，违背了你的心愿，打乱了你的计划。这时，你的第一反应可能是气愤，接下来可能会大发雷霆。很多人都会如此。然而这样做也根本于事无补，其结果往往是加剧了对方的恐惧，事情也会越来越糟。其实，如果能够忍住一时的怒火，反过来宽容别人，结局就会不同。

第三章
内揵：与人相处，谨言慎行

这里，“内”是指内心；“揵”是锁，是闭塞之开关；“内揵”即从内心深处锁住。在该章中，“内揵”指的是，通过游说的方式探知君主的内心，从而在内心与君主结交。鬼谷子通过“内揵”主要阐述了游说君主的方法、策略等。当然，我们可以将其中的游说的对象换成对自己有重要影响，或是重大意义的人。

委婉献策，进忠言也要顺耳

【原文】

用其意，欲入则入，欲出则出；欲亲则亲，欲疏则疏；欲就则就，欲去则去；欲求则求，欲思则思。若蚨母之从子也，出无间，入无朕，独往独来，莫之能止。内者，进说辞；揵者，揵所谋也。欲说者，务隐度；计事者，务循顺。

【译文】

臣下若揣准君主的心思，就能取得主动：想进来就进来，想出去就出去；想亲近就亲近，想疏远就疏远；想接近就接近，想离去就离去；想求取的就能得到，想让君主思念就能如愿。好比母青蚨依恋其子那样，来去相随而不留痕迹，独往独来，谁也没法阻止。所谓“内”就是进献说辞；所谓“揵”就是进献计谋。在向君主进献说辞之前，务必暗自揣度君主的心思。在向君主谋划事情之前，也务必要循顺君主的意志。

【延伸阅读】

在古代，大臣向君主提意见是需要智慧的，稍不注意惹怒了君主，最后会落得身首异处的下场。所以给他人提意见也是需要大智慧的，“内揵”是鬼谷子进谏的一种智慧。

许多时候，我们在向领导阐述某种观点时，喜欢顺着自己的思路讲，而不会顾及别人的想法，并且想当然认为：对方在听，说明自己说的在理。其实，这是个很大的误解。鬼谷子认为，向居上位者进忠言之前，要先摸清楚他的想法，然后顺着他的心思去说，这样就能在避免犯上的同时，还能使他愉快地接受你的观点。

诸葛瑾是大名鼎鼎的诸葛亮的哥哥。诸葛瑾为人小心谨慎、思虑有度，当时人们佩服他的宽宏雅量，孙权也很器重他，重大事情都向他咨询。他和孙权交谈说话，未曾有过激烈直露的言辞，只是大体讲明意见，如果有不合孙权心意的，就放弃去谈其他事情，慢慢地再借其他事情来引起先前的话题，用类似的事情来说理，以求得孙权理解，因此孙权的意见往往就不再坚持。吴郡太守朱治，是孙权提拔的将领，孙权对他一向十分尊敬。孙权曾因事对他有怨恨，却很难亲自诘难斥责，怀恨在心不能释怀。诸葛瑾揣摩明白了其中的缘故，但不敢公开说出来，于是在孙权面前写信，广泛地论说事物道理，借此用自己的想法来迂回揣测孙权的心意。写完后，把信交给孙权，孙权很高兴，笑着说："我的心结解开了。"孙权又曾怪罪校尉殷模，给他定的罪名令人感到意外。众大臣很多人替殷模说情，孙权的愤怒更盛，和众人反复争辩，只有诸葛瑾默不作声，孙权说："子瑜为什么独自不说话？"诸葛瑾离开座席说："我和殷模等人遭遇家乡动乱，背井离乡，扶老携幼，不辞辛劳来归依圣明的教化。在流亡中能过上安顿幸福的生活，却不能相互督促激励，报答您，以至于使殷模辜负圣上的恩德，自己陷于罪恶之中。我认罪还来不及，实在不敢说什么。"孙权听了这些话很伤感，就说："我特地为您赦免他。"

无独有偶，春秋时期的荀息也是一位说话高手，他知道如何在上司面前说"丑话"。

春秋时，晋灵公贪图享乐，让人给他造一座九层的琼台。这一工程耗资巨大，劳民伤财，朝野上下一片反对之声，晋灵公一概不听，还下令说:“谁敢再进谏，格杀勿论！”晋国有个能臣叫荀息，他知道此事后，便来求见晋灵公。晋灵公竟命令武士在暗处弯弓搭箭，只要荀息一开口劝谏，便立刻把他射死。谁知荀息见到晋灵公后，并没有提到琼台的事，而是要求给晋灵公表演杂技以博一笑。晋灵公高兴地答应了。荀息先把十二颗棋子垒起来，再把一个个鸡蛋加上去。晋灵公看得提心吊胆，不禁在一旁大叫道:“危险！”荀息慢条斯理地说:“这算什么，还有比这更危险的呢！”晋灵公忙问:“还有什么比这更危险？”荀息说:“大王，您要造九层高台，造了三年，尚未完工，弄得民不聊生，男人们都被征调到工地去了，留下女人种庄稼，如果以后没有收成，国库就会空虚。一旦外敌入侵，国家危在旦夕，难道这不更危险吗？”晋灵公听后，觉得确实很危险，弄不好要亡国，立刻下令停止了高台的建造。

荀息用巧妙的方式，先以杂耍吸引晋灵公的注意力，再通过垒鸡蛋的演示向晋灵公形象地说明了国家面临的局面，使晋灵公停止了高台的兴建。在向别人提意见时，即使是出自好意，也要讲求方式方法，巧妙委婉的暗示和生动形象的比方，往往比直截了当的批评更容易为人所接受。

在我国古代，敢于直言犯上的直臣、谏臣也不少，但大多没有好结果。所以，大臣们在向上司进言时，都非常在意自己的说话技巧。在现实生活中，我们在给领导提意见，或是建议的时候，也要掌握一些技巧，使自己说出来的“丑话”更易被对方接受，同时又可以收到良好的效果。否则，一味地坦诚，不懂鬼谷子的“内揵”之术，说出的话不但难以让人接受，而且容易被人误解。

随机应变，脑子里装着别人

【原文】

方来应时，以合其谋。详思来揵，往应时当也。夫内有不合者，不可施行也。乃揣切时宜，从便所为，以求其变。以变求内者，若管取揵。言往者，先顺辞也；说来者，以变言也。

【译文】

在进献计谋时要随机应变，合乎君主的想法。若君主向我询问，必须做出适当的回答。在交谈过程中，若发现原来的言辞有不合君意者，应立即停止执行原方案。此时，应揣摩君主之心，顺势而为，以灵活变通的方式来结交君主。内揵中的随机应变，如同用钥匙开锁，至为重要。与君主交谈时，凡谈及以往的事，应顺着君主的言辞说；凡谈及未来的事，可以与君主有不同意见。

【延伸阅读】

鬼谷子认为，在与居上位者接触时，一言一行都势必要小心谨慎，以免出错。但是这样还不够，还必须要头脑灵活。在应付突然事件时，要有随机应变的能力。

春秋时期，晋文公的管家给他上了一盘烤肉。晋文公正要吃，却发现有毛发缠绕在上面，便把管家叫来训斥道：“烤肉上怎么绕着毛发，你想让寡人噎着吗？”管家见状一惊，立即磕头请罪道：“我有三条死罪：用磨刀石磨刀，磨得非常锋利，切肉切得断毛却切不断，这是我的第一条罪；用木棍穿肉块却看不见毛发，这是我的第二条罪；用炽热的炉子、通红的炭火烤熟了肉，但是毛发却没有烧掉，这是我的第三条罪。”听到这里，晋文公明白了，是有人在暗中陷害管家。于是召集堂下的所有人来盘问，真的找到了这个人，于是重重责罚了他。

管家遭人陷害，被晋文公责骂，但他很快就冷静下来，以自列罪状的方式，向晋文公申诉了自己的冤情，合情合理。这种方式，显然要比直接喊冤效果好得多。

事实上，凡居上位者都带有一定的傲气和霸气，有人将其形容为“老虎的屁股——摸不得”。但话说回来“智者千虑，必有一失”。若不慎触怒了居上位者，真摸了老虎的屁股，就该设法予以补救。这需要智慧，而且是“急智”。

在现实生活中或工作中，如果遇到有人给你出难题，一定要学会随机应变，机敏应答。

在一次酒店服务生的招聘中，为了检验应聘者随机应变的能力，酒店经理特意设置了一道针对男服务生的情景模拟题。如果应聘者在这一道题的回答中表现出色，就能首先获得被录用的机会。题目是这样的：如果你无意推开房门，看见女房客正在淋浴，而她也看见你了，这时，你该怎么办?

第一位应聘者回答：“说声‘对不起’，然后关门退出。”这个对答无称呼，虽简洁，但不符合侍者的职业要求，而且也没能使双方摆脱窘境。

第二位应聘者回答：“说声‘对不起，小姐’，然后关门退出。”这个称呼准确，但不合适，反而加强了客人的窘迫感。

而第三个应聘者却这样回答："说声'对不起，先生'，然后关门退出。"

结果，第三个人被录用了。为什么呢？因为经理出这个题目的意图只有一个，就是看应聘者能否随机应变，帮客人解除尴尬。前两个人的回答都没有做到这一点，而第三个人巧变称呼，"先生"一词，仿佛完全遮盖了女房客的尴尬之处，维护了客人的体面，显得非常得体、机智，表现出了一个侍者应该具有的职业素质和应变能力。

随机应变是一个人灵活处世的好方法。无论是谁，只要充分运用自己的睿智，随机应变，用巧妙的语言缓和窘境，就都是一种成功。

无论是过去，还是现在，主人公都依靠随机应变，躲过了灾祸，或是避免了尴尬。特别是在与上司的交往中，更不能缺少这种随机应变的本事！

有的放矢，先做调查再游说

【原文】

不见其类而为之者见逆，不得其情而说之者见非。得其情，乃制其术。此用可出可入，可揵可开。

【译文】

没有搞清对方是哪类人就去盲目游说，必然事与愿违；在未掌握实情的时候盲目游说，也定然遭到否定。只有充分掌握情况，才能制定出有针对性的措施，运用这种方法，我们就可以入政、出世自由，就可以事君或离去随意了。

【延伸阅读】

我们平时说话、办事，怎样才能达到预期的效果呢？鬼谷子认为，要“得其情，乃制其术”，就是说，必须通过调查研究，掌握实情，然后根据实情锁定目标，采取行动。这就是俗语所说的“有的放矢”。如果在掌握实情之前就盲目行动，必然遭遇失败。

从前，弥子瑕被卫国君主宠爱。按照卫国的法律，偷驾君车的人要判断足的刑罚。有一次，弥子瑕的母亲病了，有人知道这件事，就连夜通知他，弥子瑕就诈称君主的命令，驾着君主的车子出去了。君主听到这件事反而赞美他说：“多孝顺啊，为了母亲的病竟愿犯下要断足的罪！”弥子瑕和卫君到果园去玩儿，弥子瑕吃到一个甜桃子，没吃完就献给卫君。卫君说：“真爱我啊，自己不吃却想着我！”等到弥子瑕容色衰退，卫君对他的宠爱也疏淡了。

后来，弥子瑕得罪了卫君，卫君说：“这个人曾经诈称我的命令驾我的车，还曾经把咬剩下的桃子给我吃。”

其实，自始至终，弥子瑕的德行都没有改变。有些行为，以前所以被认为是一种孝顺，而后来被当作治罪的缘由，完全是因为卫君对他的态度有了转变。所以说，君主宠爱他时，会认为他聪明能干，对他愈加亲近；当君主讨厌他时，会觉得他罪有应得，所以会疏远他。所以，劝谏游说的人，在游说君主之前，一定要先了解他对自己的态度。

在现实生活中，我们在表达自己的意见时，经常会有这样的顾虑：生怕在上级、长辈、老师、恩人、贵人面前说错话，冒犯了对方，特别是对方的脾气比较大、性情比较古怪时，更需要小心谨慎。

所以，在给上级提意见或是建议前，不但要了解对方的秉性，还要了解他对自己的态度——他过去欣赏你，现在未必；他看中你的能力，未必喜欢你的人品。对此，你心里一定要有一杆秤。如果不了解这些，贸然提意见或是建议，即使自己说得在理，也很难达到预期的效果。

内揵术的运用中，最关键最核心的就是要把握清楚君上的心理，这是一切游说技巧发挥的出发点。没有精准的意图，便没有精准的施策。“得其情，乃制其术”，只有了解对方的真实意向和情感，才能根据实际情况确定方法，进而推行自己的主张，引导对方，进退自如。如果你不知道对方的意图想法，就会无的放矢，开不出治病的药方，也会使自己游说的成功率降低。

当然，这里的“得其情”并不是单向的，对于下属来说，需要得知上司的“情”，而对于上司来说，却又要知道下属的“情”。要了解自己下属的个性特征，从感情上亲近他们，知人善任，只有在感情上无嫌隙，他们再攻的时候，才能充分发挥自己的主观能动性。

所以内揵篇讲述的游说技巧，不但适用于下属进献说辞，固守谋略；而且也适用于上司择贤纳才，统御群属。内揵术中最核心最关键的是要把握清楚被游说对象的内心，如果上级不能明白下属的内心，下属又如何能被任用呢？

慧眼识君，明珠暗投不可取

【原文】

策而无失计，立功建德，治名入产业，曰“揵而内合”。上暗不治，下乱不寤，揵而反之。内自得而外不留，说而飞之。

【译文】

如果你在运用策略时没有失算，因而受到重用，则可立功建德，治理百姓使之安居乐业，这叫作“揵而内合”。如果该国君主昏庸不理政务，吏治腐败不堪，则可考虑返回，不再为其谋划。对于那些内心自以为是而不能采纳别人之说的君主，己方只能假意去称颂他，以钓取其欢心。

【延伸阅读】

在我国古代，忠有两种，一种是忠烈，一种是愚忠。鬼谷子是反对愚忠的。他认为，遇到“上暗不治，下乱不寤”的情形，就要“反”；自己不被重视，就要“飞”。这一“反”一“飞”，充分表明鬼谷子并不认同“明珠暗投”。

晋朝时的奇人王猛年轻时，曾经路过后赵的都城，徐统见了他以后，认为他是一个了不起的人物，于是便召他为功曹，可王猛不仅不答应徐统的征召，反而逃到西岳华山隐居起来。因为他认为凭自己的才能不应该仅仅做个功曹。所以他暂时隐居，看看社会风云的变化，等候时机的到来。

公元354年，东晋的大将军桓温带兵北伐，击败了苻健的军队，把部队驻扎在灞上，王猛身穿麻短衣，径直到桓温的大营求见。桓温请他谈谈对当时社会局势的看法。王猛在大庭广众之下，一边把手伸到衣襟里去捉虱子，一边纵谈天下大事，滔滔不绝，旁若无人。

桓温见此情景，心中暗暗称奇。他问王猛："我遵照皇帝的命令，率领十万精兵来讨伐逆贼，为百姓除害，可是，关中豪杰却没有人到我这里来效劳，这是什么缘故呢？"王猛回答："您不远千里来讨伐敌寇，长安城近在眼前，而您却不渡过灞水把它拿下来，大家摸不透您的心思所以不来。"王猛的话说中了桓温的心思。

桓温更觉得面前这位穷书生非同凡响，就想请王猛辅佐他。王猛却拒绝了桓温的邀请，继续隐居华山。

王猛这次拜见桓温，本来是想出山显露才华，干一番事业的，但最后还是打消了这个念头。因为他在考察桓温和分析东晋的形势之后，认为桓温不忠于朝廷，怀有篡权野心，未必能够成功，自己在桓温那里很难有所作为。

桓温退走的第二年，前秦苻健去世。继位的是暴君苻生。他昏庸残暴，杀人无数。苻健的侄儿苻坚想除掉这个暴君，于是广招贤才，以壮大自己的实力。他听说王猛后，就请王猛出山。苻坚与王猛一见面就像知心老朋友一样，他们谈论天下大事，意见不谋而合。苻坚觉得自己遇到王猛好像三国时刘备遇到了诸葛亮，王猛觉得眼前的苻坚才是值得自己一生效力的对象，于是他留在苻坚的身边出谋划策。

诸葛亮在刘备"三顾茅庐"后才出山，这不仅仅是因为他才高望众，更是出于对时机的把握。他是看准了时机，认清了形势才踏出门的。良臣在选择投靠对象的时候，不仅仅是一项简单的选择题，更是一种智慧和机敏。只有把握了恰当的时机，找对了君主，才能发挥自己的聪明才智，大展宏图。

鬼谷子说：欲说者，务隐度；计事者，务循顺。想去游说君主时就必须暗中揣度君主心意，事之可否，心之合否，时之便否；谋划策略时也必须顺应君主意愿。也就是要顺从事物发展的趋势，铺设台阶，顺着事物的发展方向加以引导。在遇到困难时，要善于隐藏自己，等待时机，宜退则退，到机会来临时，再伺机而出，必定会有一番作为。

因势利导，要懂分寸知进退

【原文】

若命自来，己迎而御之；若欲去之，因危与之。环转因化，莫知所为，退为大仪。

【译文】

若机遇降临到自己头上，受到君主的重用，就不妨加以把握和利用。如果自己要离开君主，就说自己继续留在君主身边将会危害他，这样君主就自然会放行。或去或留，就像圆环一样随着情况的不同而转换，让人不知他的作为。做到这样，可以说是能懂得全身而退的大法则了。

【延伸阅读】

鬼谷子认为，英雄一旦得到了重用，就要积极进取，建功立业。但是，世事难料，到了需要放手的时候，就要果断放手，不可存在非分之想。

陈轸是战国时期有名的谋士，他从楚国到了秦国后，因为张仪的反对险些丢了性命。而他深知进退之道，很快在秦国站稳了脚。

当时张仪对秦王说陈轸打算离开秦国，投靠楚国。秦王立刻找到陈轸并问他离开秦国打算去哪儿？陈轸说："我离开秦国就非去楚国不可，以此来顺应大王和张仪的谋略，也借此表明我的忠诚。如今天下人都知道我到了秦国，若我再回楚国，楚王可能也不会信任我，而我唯一的选择只有对您忠诚。”秦王认为他的话很有道理，不仅没有杀他还待他很好。由此可看出，懂得进退的人总能让自己从泥潭中脱身。

在古代，做臣子的不仅需要智慧，更需要在该进时进，该退时退，这样，才能让君主满意，并且将主动权掌握在自己手里。

由此可见，所谓的明白人，其实就是头脑清醒，懂得进退的人。我们来看看这些聪明人都是怎么做的。

在韩信被诛杀，张良归隐之后，汉初三杰就剩下萧何一个人了。看起来刘邦对萧何不错，不断给他加官晋爵。萧何自己也得意扬扬，觉得刘邦人不错，每天宾客临门，门庭若市，自我感觉好极了。直到来了个叫花子，那人好几天没洗澡了，身上有股难闻的味道，但是却大摇大摆地进了萧府。萧何生气了，哪里来的叫花子，真是有眼不识泰山。叫花子见了萧何也不行礼，说了句“萧大人高兴得太早了，怕是要大难临头喽”，后来叫花子一针见血地指出韩信被杀是因为功高盖主。如此这般，萧何最终才稳坐钓鱼台，得了善终，要不他真有可能就是第二个韩信，正所谓功高盖主，不得不防。

春秋时期，越王勾践被吴王夫差打败，并做了吴国的俘虏。后来，勾践在范蠡、文种等人的辅佐下，励精图治，最终打败了吴国，逼得夫差拔剑自杀。吴国被消灭以后，范蠡辞掉官职，到北方做陶器生意，成了当时有名的大富翁。直到今天，人们还称他为“陶朱公”。据说，范蠡在离开越国以后，写了一封信给好朋友文种，劝他舍弃功名富贵，做一个快乐、自由的人。他在信中写道：“鸟儿们都被射杀光了，再好的弓也要收藏起来；狡猾的兔子死了，猎狗也会被主人杀掉，煮来吃呢！”文种认为越王对自己十分优待，不会那么绝情，所以没有听从范蠡的建议。不久，越王听信谗言，怀疑文种对他不忠，真的逼他自杀了。范蠡和文种对待名禄的态度不同，他们的结局对现代的人们，应该有很深的借鉴意义。

越王勾践忍辱负重，卧薪尝胆，终成大业，值得称道。但他心胸狭窄，连与自己同生死、共患难的大臣文种都不放过，令人心寒。范蠡富有先见之明，懂得急流勇退的道理，才得以在残酷的政治斗争中保全自己。相比之下，文种的想法就未免太过天真了。

懂得抓住内揵，知道进退的人往往能够取得君主的信任获得权利。而古时懂进谏方法，知进退的人不多，但也有人懂得并运用了这个道理。

在如今的现实生活中，我们的人生就像一条不规律的抛物线，喻示着我们的一生会经历起起伏伏，坎坎坷坷——该遇到的劫难一样都不会少，该遇到的幸福也一样不会少，它们就在人生的明天翘首期盼等着你。在人生的不同阶段，该进不进，贻误时机；该退不退，铩羽而归。所以，人生就像是一个战场，只有懂得进退才能把握住自己的命运。

第四章
飞箝：一招制敌，为我所用

本章是制人术中非常重要的篇章。《鬼谷子》中，策士在政治中与人打交道讲究的便是控制与反控制，而控制对方，让对方为自己驱使乃是策士纵横捭阖的目的。“飞”是飞语，赞扬对方，抬高对方的声誉，以便获得对方的好感；“箝”是钳制，连起来的意思就是，通过夸赞别人的方式来钳制住对方。

除此之外，本篇也是古代心理学中的重要篇章，强调利用人心理上的弱点来操控他人。这一点在古代是被人诟病的。但是，它作为一种方法，我们不应站在道德的角度去审视它，而要学会客观看待。

善于揣度，鉴真才为我所用

【原文】

凡度权量能，所以征远来近。立势而制事，必先察同异，别是非之语，见内外之辞，知有无之数，决安危之计，定亲疏之事。然后乃权量之，其有隐括，乃可征，乃可求，乃可用。

【译文】

凡是揣度人的智谋和测量人的才干，就是为了吸引远处的人才和招徕近处的人才。造成一种声势，进一步掌握事物发展变化的规律，一定要首先考察派别的相同和不同之处，区别各种对的和不对的议论，了解对内、外的各种进言，掌握有余和不足的程度；决定事关安危的计谋，确定与谁亲近和与谁疏远的问题。然后权衡这些关系。如果还有不清楚的地方，就要进行研究，进行探索，使之为我所用。

【延伸阅读】

作为统帅，要想成就一番事业，必须要有人才的辅佐。但是，要把人才聚到自己的麾下，首先要懂得识别人才，就像鬼谷子说的那样，“凡度权量能，所以征远来近”。如果统帅不善于鉴人、识人，即使身边有大把的人才，也无可用之人。

《战国策》中记载了这样一个小故事：

有一天，魏文侯正与他的老师田子方一起饮酒作乐，编钟突然响了，魏文侯就说："钟声的音律是不是不太协调？左边的偏高。"

田子方听了这句话就笑了。

文侯就问："你为什么笑？"

田子方回答说："我听说，君主应该对乐官比较清楚，而不能对乐音清楚。现在君王对乐音这么清楚，我恐怕您对于乐官就不那么清楚了。"

文侯就说："说得好。"

田子方的话道出了一个用人方面的道理，那就是什么位置的人应该干什么位置的事。职位越往上，职权就越大，占有的资源就越多，担负的责任就越大，因此影响也就越大。因此领导人必须干与其职权相匹配的事情，否则浪费的，不是一个人的精力，而是一群人的精力。

对上层来讲，犯魏文侯一类错误的人数不胜数。比较典型的就是大企业的负责人直接参与具体技术的讨论。当然也有很多这样的企业做得很好，甚至比同行企业都好，但这并不意味这就是对的，因为如果企业负责人改变思路，会做得更好，单打独斗到底比不上群策群力。比同行做得好，是因为在其他方面有胜过同行的地方，并不是因为企业负责人直接讨论技术问题。项羽是一个关心具体技术问题的领导者，如果没有遇到刘邦的话，他也能开启一代皇朝。所以领导者越俎代庖还能成功的，不是因为他们做得好，而是他们运气好，因为他们没有遇到刘邦。

领导人的责任，很重要的一项就是识人用人。让自己的组织人才济济，各司其职，各个方向都有胜出自己的人，这才是他们的真正职责。否则就会导致人不胜其职，并且人才匮乏，手边无可用之人等问题。其实夸张一点儿说，领导人除了这个本事之外，最好不要有其他的本事。因为有了其他的本事，就难免对下面有这方面本事的人指手画脚，给下属造成障碍，同时失去了最高领导职位的意义。

不过田子方的话虽然有道理，但是怎样识人用人，却是一个千古难题。而对于这个千古难题，外延太大，范围太广，田子方并没有展开论述。

晚清的曾国藩统帅湘军，战功卓越。他之所以能够被朝廷委以重任，取得不俗的成绩，就是因为他善于识人、用人。曾国藩认为“国家之强，以得人为强”。并说，善于审视国运的人，“观贤者在位，则卜其将兴；见冗员浮杂，则知其将替”。他将人才问题提到了关系国家兴衰的高度，把选拔、培养人才作为挽救晚清王朝统治危机的重要措施。像李鸿章、左宗棠、李善兰、华蘅芳、徐寿等许多影响近代中国历史的人物都是得到过曾国藩的提拔和赏识而得以发挥才能的。

这个世界从来不缺千里马，而唯独缺伯乐。我们看中国历史上比较著名的以少胜多的大战，井陉之战、昆阳之战、官渡之战等，战败方的最高领导者都曾得到过正确的建议，有机会战胜对手，但却没有采纳，以至于在绝对的优势下，反而被对手所败，遗恨千古。

屈己求贤，把人才视为朋友

【原文】

引钩箝之辞，飞而箝之。钩箝之语，其说辞也，乍同乍异。

【译文】

先用话诱使人才说出实情，然后通过褒扬赢得其心，以此来钳住对方。钩钳之语是一种游说辞令，如何使用，应根据谈话情况而定，一会儿表示赞同对方，一会儿又表示与对方相异。

【延伸阅读】

不论是一个国家，还是一个企业，想要取得进步和发展，都要善于发掘和运用各种人才。作为领导者、管理者，要想取得成功，都必须善于发现人才，网罗人才，礼待人才，并且大胆使用，因才授职，尽其所长。如果不善纳才、用才，即使人才多如过江之鲫，也于事无补。

当然，人才，特别是高级人才，并不是那么容易得到的。

秦昭王雄心勃勃，欲一统天下，在引才纳贤方面显示了非凡的气度。范雎原为一隐士，熟知兵法，颇有远略。

秦昭王驱车前往拜访范雎，见到他便屏退左右，跪而请教："请先生教我。"但范雎支支吾吾，欲言又止。于是，秦昭王第二次跪地请教，且态度更加恭敬，可范雎仍不语。秦昭王又跪，说：“先生真的就不愿意教寡人吗？”这第三跪打动了范雎，道出自己不愿进言的重重顾虑。秦昭王听后，第四次下跪，说道：“先生不要有什么顾虑，更不要对我怀有疑虑，我是真心向您请教的。”范雎还是不放心，就试探道：“大王的用计也有失败的时候。”秦昭王对此指责并没有发怒，并领悟到范雎可能要进言了，于是，第五次跪下说：“我愿意听先生说其详。”言辞更加恳切，态度更加恭敬。

这一次范雎也觉得时机成熟，便答应辅佐秦昭王，帮他统一六国。后来，范雎鞠躬尽瘁，辅佐秦昭王成就了霸业，而秦昭王千百年来也被人们所称誉，成为引才纳贤的楷模。

与秦昭王一样，刘备也是一位求才的高手。只要是自己看中的人才，他都会想办法收入麾下，甚至不惜委屈自己。

刘备被曹操赶得到处奔波，好不容易安居新野小县，又得军师徐庶。有一天，曹操派人送来徐母的书信，信中要徐庶速归曹操。徐庶知是曹操用计，但他是孝子，执意要走。刘备顿时大哭，说道：“百善孝为先，何况是至亲分离，你放心去吧，等救出你母亲后，以后有机会我再向先生请教。”徐庶非常感激，想立即上路，刘备劝说徐庶小住一日，明日为先生饯行。第二天，刘备为徐庶摆酒饯行，等到徐庶上马时，刘备又要为他牵马，将徐庶送了一程又一程，不忍分别，感动得徐庶热泪盈眶。

为报答刘备的知遇之恩，他不仅举荐了更高的贤士诸葛亮，并发誓终生不为曹操献一计谋。徐庶的人虽然离开了，但心却在刘备这边，故有“身在曹营心在汉”之说。徐庶进曹营果然不为曹设一计，并且在长坂坡还救了刘备的大将赵云一命。古往今来，凡是留才的案例，没有超出刘备的。留才留心，只要能留住人才之心，即使人才在天涯海角，依然会为你效命。

作为一个心有大志之人，刘备能够做到屈己求贤，自然会有许多贤能之人来投奔他，为他的事业出谋划策。

在历史上，屈己求贤的例子还有很多。春秋时，齐桓公不计前嫌，任用管仲为相，成就春秋霸业；三国时，曹操听说许攸来访，喜出望外，连鞋子都没穿就出去迎接，从而在许攸的帮助下赢得了著名的官渡之战；而唐太宗李世民的礼贤下士更胜人一筹，他居然四次下诏，请出身贫寒的马周出来做官。只有热情、诚恳地对待人才，才能赢得有识之士的诚心相助，成就大业。

把人才当作朋友，当兄弟一样对待，使其怀有知遇之恩，自然不难赢得人才之心，从而为自己的事业加上一枚重重的砝码，这也是对人才“飞而箝之”的关键所在。

笼络人心，不拘一格降人才

【原文】

其不可善者，或先征之而后重累，或先重以累而后毁之。或以重累为毁，或以毁为重累。其用或称财货、琦玮、珠玉、璧帛、采色以事之，或量能立势以钩之，或伺候见巇而箝之，其事用抵巇。

【译文】

对于那些暂时没法笼络的人才，可先把此人征召来，而后用忧患、危难之事胁迫他；或先胁迫他而后再造舆论诋毁他。或主要用胁迫术，或主要用诋毁术。总之，飞箝术的运用方式因人而异，有的可赏赐财物、琦玮、珠玉、白璧、璧帛、美女笼络他，有的可为展露其才能而营造气氛吸引他，有的可通过观察矛盾的迹象来控制对方，在此过程中要运用抵巇之术。

【延伸阅读】

在这里，鬼谷子对如何结交、笼络人才给出了自己的建议，除了利用财物、珠宝、封地等物质进行引诱外，他特别强调的是与人才联络感情、激发人才发挥能量等非物质的方法，这些在今天看来仍然颇具借鉴意义。

欲成大业，人才的重要性是不言而喻的。能收揽人才，并且能驾驭驱使他，那么，就有可能成就大业。若无人才相助，或有人才而不能用者，最后必然成不了大事。汉高祖刘邦在未起事之前不过是一地方小吏，在后人看来甚至还有些好吃懒做、不务正业之嫌。但最后能成为大汉帝国的开国皇帝，非他有不世之才，是因为他有张良、萧何、韩信等一群栋梁之材的辅助。当然，有栋梁之材相助，还要知人善任并驾驭之，如此才能成就大业。韩信、陈平、黥布等人都曾是项羽的部下，归附刘邦之后，都被重用。

以张良、萧何、韩信等人之才，又为何甘愿受刘邦驱使？刘邦必然有其过人之处，照韩信的说法是他“善将将”。从刘邦封韩信、彭越的举动中，我们就能领略刘邦“善将将”的本领。

秦亡后，刘邦和项羽争夺天下。刘邦逐渐由劣势转为优势，于是领兵追击楚军，在阳夏南安营扎寨，派人与大将韩信、彭越约定日期会师。可是到了约定日期，韩信、彭越的军队并没有开来。刘邦孤军深入，被楚军击败，只好退却下来，坚守壁垒。刘邦又急又怒，于是请来张良求教对策。张良分析了当时的形势，说：“现在楚军眼看就要完了，可韩信和彭越还没有得到封地。两人功勋卓著，本应封王，现在您若允诺灭楚后给韩信、彭越封王，他们必定前来助战。这样，几路大军联合，消灭楚军就易如反掌了。”刘邦依计而行。韩信、彭越很快出兵，几路大军会师在垓下，韩信用十面埋伏消灭了项羽的残部，逼得项羽自杀。刘邦终于登上了皇帝的宝座。

刘邦善于审时度势，从谏如流，这是明君必备的素质，也是人才甘愿为其效力的原因。

网罗天下之士，还必须使其尽展所长。曾国藩对人才的广泛搜罗和耐心铸造，是他能够成功的一个重要原因。由于曾国藩在人才的选拔、培养、使用上有一套行之有效的办法，因此他的幕僚人才“盛极一时”。据说，每有赴军营投效者，曾国藩先发给少量薪资以安其心，然后亲自接见，一一观察：有胆气血性者令其领兵打仗，胆小谨慎者令其筹办粮饷，文学优长者办理文案，讲习性理者采访忠义，学问渊博者校勘书籍。在幕中经过较长时间的观察使用，感到了解较深、确有把握时，再根据具体情况，保以官职，委以重任。多年来，幕僚们为曾国藩出谋划策、筹办粮饷、办理文案、处理军务、办理善后、兴办军工科技，真是出尽了力，效尽了劳。可以说，曾国藩每走一步，每做一事，都离不开幕僚的支持和帮助。

人们讲究“滴水之恩，涌泉相报”，于是就有了“生当陨首，死当结草”“士为知己者死”“风萧萧兮易水寒，壮士一去兮不复返”“壮士死知己，提剑出燕京”等说法，这无一不是“感情效应”的结果。君主善用恩情来维系与臣下的关系，这也是历史上的常见现象。

刘备与诸葛亮，可以说是君恩臣忠的典型例子。诸葛亮感激刘备三顾茅庐的知遇之恩，出山后尽心竭力辅佐刘备，深得刘备的信任。刘备临终前，将自己的儿子刘禅托付给他，请他帮助刘禅治理天下，并且诚恳地表示：“你能辅佐他就辅佐他，如果他不好好听你的话，干出危害国家的事来，你就取而代之。”刘备死后，诸葛亮殚精竭虑，帮助后主刘禅治理国家。曾经有人劝他晋爵称王，被他严词拒绝，他说：“我受先帝委托，已经担任了这么高的官职；如今讨伐曹魏没见什么成效，却要加官晋爵，这样做不是不仁不义吗？”诸葛亮六出祁山，北伐中原，最终积劳成疾，病死在五丈原。诸葛亮的一生，可以说是为蜀汉“鞠躬尽瘁，死而后已”，固然是他具有匡扶乱世之志，而刘备的善施恩德，在其中也发挥了很重要的作用。

所以说，感情投资是做大事的人必须掌握的一种手段。在古代，这当中虽然不乏统治者收买人心的把戏，但它也包含着管理上的一些基本原则。因为只有让人们切实感受到获益，人们才会真心拥护你，并发自内心地跟随你创业图强。总之，要想留住人才，就一定要好好经营你的感情投资。

春秋时期，楚庄王曾在宫中设宴招待大臣们，他让王妃许姬轮流替大臣们斟酒助兴。忽然，一阵大风吹灭了蜡烛，宫中立刻漆黑一片。黑暗中，有人扯住许姬的衣袖，想要亲近她。许姬拔下那人的帽缨，挣脱开来，然后把帽缨交给庄王，请求他重惩那个无礼的人。庄王说："酒后失礼，这是常有的事，我不能为这事辱没我的将士。"说完，庄王请大家都把帽缨拔掉，然后命人点亮蜡烛，继续畅饮。后来，楚王领兵和晋国打仗，楚王战败，有一位将官冒死相救。庄王回朝后召见那位将官，那位将官跪在楚王面前，含着泪说："大王，我就是当年被王妃拔掉帽缨的罪人啊！"楚王亲自把他扶起，重赏了他。

假使当初，楚王不肯宽宏大量，将军早已被杀，那么危难时，他自己也无路可走了。这就是"能容物者，物乃能容"的道理，是每一个领导者都应该效仿的。

在现代社会中，这种做法还是很有市场的。以现代企业管理为例：聪明的管理者在工作生活之中，会主动给下属以恩惠，让下属有"大树底下好乘凉"的感觉，让他们既感觉到温馨，又感受到安全。这样富有人情味的上司必能获得下属的衷心拥戴。有人说，"世界上没有无缘无故的爱"，只有和下属搞好关系，赢得下属的拥戴，才能调动起下属的积极性，促使他们努力地工作，为事业的发展尽心尽力。

度权量能，较长短而知轻重

【原文】

将欲用之于天下，必度权量能，见天时之盛衰，制地形之广狭，岨崄之难易，人民货财之多少，诸侯之交孰亲孰疏、孰爱孰憎，心意之虑怀。

【译文】

如果想把自己的才华用之于天下，必须通过比较分析，了解各诸侯的权力和能量；要考察自然和社会以了解天时的盛衰；掌握地形的宽窄和山川的险阻；了解人民财富的多少；要考察各诸侯的交往中谁与谁亲密，谁与谁疏远，谁与谁友好，谁与谁相恶，国君耿耿于怀的心意是什么。

【延伸阅读】

鬼谷子认为，作为一国之主或是统率，只有善于度权量能，才能看清天下大势，知道该联合谁，该讨好谁，从而把握住时局，获得别人的信任与重用。

特别是古代的一些仁人志士，无不希望自己遇到英明之主，好充分发挥自己的才干。所以就有了“良禽择木而栖”“良臣择主而侍”的俗语。用今天的话来说，就是要找到一个好的平台，得以发挥自己的才能，实现自己平生的抱负。但是，如果不善于度权量能，光有平台是不够的。

秦朝灭亡之后，项羽焚烧咸阳宫城，并自称为西楚霸王。当时，项羽手下的一位有识之士劝他说："咸阳地处关中要地，土地肥沃，物产富饶，地势险要，您不如就在这里建都，这样有利于奠定霸业。"项羽一看眼前的咸阳已残破不堪，哪有都城的样子？而且他十分怀念故乡，想回到故乡去。所以他对那个人说："要是富贵了还不回故乡，就如同穿着漂亮的衣服在黑夜里行走，你的衣服再好也没有人看得见，有什么用呢？所以我还是要回江东去。"那人听了这话，觉得项羽沽名钓誉，不算英雄，就私下对别人说："人家都说楚国人都是'沐猴而冠'，我以前还不相信，原来果真如此！"不料，这句话传到了项羽的耳朵里，他立即把那人抓来，投入鼎里活活烹死了。项羽刚愎自用，独断专行，他身边的许多谋士因此而归附了刘邦。这就注定了最后项羽四面楚歌、自刎乌江的结局。

在历史上，像项羽一样，因不善于"度权""量能"而遭遇惨败的人有很多。赵括夸夸其谈，盲目自大，在长平一战中，全军覆没；袁绍权高位重，刚愎自用，官渡一战使其元气大伤，最终抑郁而死；马谡纸上谈兵，死板教条，结果痛失前亭……

韩信能够忍受"胯下之辱"，能够忍受项羽对他的奚落，这种忍常人所不能忍的人，其实也是"度权""量能"的表现。屠夫侮辱他，他能够忍，那是因为他们之间没有可比性；项羽侮辱他是"胯下小儿"，他能够忍，那是因为项羽逞匹夫之勇，他瞧不起项羽。这种没有可比性的"度权""量能"，如果韩信不忍，就没有"韩信点兵，多多益善"的精彩了。

诸葛亮一生"谨慎"，其结果就是：周瑜打仗，诸葛亮占地；曹操发兵，诸葛亮得蜀；司马懿受辱，诸葛亮立功。这里的"谨慎"

不是胆小怕事，而是充分的“度权”“量能”，换言之就是“知己知彼，百战不殆”。

司马懿老谋深算，可以忍受诸葛亮“巾帼素衣”的奇耻大辱，结果活活累死了鞠躬尽瘁的诸葛亮，司马懿的忍可不是懦弱的表现，而是“度权”“量能”的大智慧。

在历史上，杰出的政治家在使用人才时，都善于“度权”“量能”，用其所长，避其所短。唐太宗李世民就深谙此道。唐太宗认为“治安之本，唯在得人”，所以他很重视选官用人。他求贤若渴，为了改善吏治，争取各地方集团的支持，他选拔人用了许多有才能的人担任中央要职。这些人出身不同，代表了各种地方势力，有原秦王府的臣僚，有追随李建成反对他的政敌，有关中军事贵族和南北士族，也有出身低微的寒门人士。由于唐太宗在一定程度上能够“拔人物则不私于党”，以才取人，甚至破格用人，所以贞观时期各类人才济济，出现了一批对国家治理有杰出贡献的著名将相，如房玄龄、杜如晦、魏徵、李靖、李勋等。这些谋臣猛将为李唐王朝发挥了自己的聪明才智，保证了唐朝的政治稳定和各种政策的施行。开创了“贞观之治”的局面。

以箝求之，牵着别人鼻子走

【原文】

审其意，知其所好恶，乃就说其所重，以飞箝之辞，钩其所好，以箝求之。

【译文】

仔细审察其意向，了解其好恶，然后抓住对方最注重的问题游说他，先用“飞”的方法投其所好，说出能使他高兴的话，然后再用“箝”的方法控制他，使他能够随着己方的意愿而行事。

【延伸阅读】

在日常生活中，那些城府很深的人，是不会轻易开口的，一旦开口，必然会引起别人的高度重视，让别人一定要听下文，如果他不说，别人就会请求他说下去，这种事在日常生活中比比皆是，这就是“飞箝”之术在普通人中的运用。

吕不韦看到在赵国当人质的秦国公子异人，以为“奇货可居”，于是设计与看守异人的公孙乾结交。一天，公孙乾摆宴席请吕不韦，吕不韦说：“酒席没有其他人，为什么不把异人叫来一起喝酒？”于是公孙乾请异人与不韦相见，一起饮酒。酒至半酣，公孙乾起身上厕所，吕不韦低声问异人：“公子不想回秦国了吗？”异人惊讶地回答：“朝思暮想。”

吕不韦说：“秦王老了。太子所爱者华阳夫人无子。殿下兄弟二十余人，不受宠，殿下为什么不回秦国，当华阳夫人的儿子。他日就有立为储君的机会了！”

异人含着泪说：“我何尝不想呢？只要提到祖国我就心如刀割，实在是没有脱身之计啊！”

吕不韦说：“我家虽然贫困，愿意拿出千金为殿下疏通，去说服太子和夫人，营救公子归国如何？”

异人说：“如果如此，我要是富贵了，愿意与你共享。”

于是吕不韦卖掉了家产，交给异人五百金，吕不韦又用五百金购买奇珍玩物，直奔咸阳。先买通了华阳夫人姐姐的左右用人，见到夫人的姐姐说：“王孙异人在赵国，思念太子和夫人，非常孝顺，委托我转送这些小礼物，都是王孙孝敬姨娘的！”于是将金珠一盒献上。华阳夫人的姐姐大喜，隔着帘子说：“虽然是王孙的美意，有劳你长途跋涉了。王孙在赵国，不知还想不想祖国了？”

吕不韦答：“我与王孙住在同一公馆，有事他都会告诉我，他日夜思念太子和夫人，说自幼失去母亲，夫人便是他的亲生母亲，很想回国对夫人尽孝道！”华阳夫人姐姐说：“王孙还好吧？”吕不韦说：“因秦兵屡次攻打赵国，赵王多次打算杀死公子，幸亏臣民保奏，所以思念归国更加迫切！”华阳夫人姐姐说：“臣民是如何保他的？”吕不韦说：“王孙非常贤孝，每遇秦王太子及夫人寿诞，及元旦朔望之辰，必清斋沐浴，焚香西望拜祝，赵国人没有不知道的。而且好学重贤，交结诸侯宾客，遍于天下，天下都称他贤孝，以此臣民都会保奏！”吕不韦说完，又拿出金玉宝玩，大约价值五百金，献上说：“王孙没能归侍太子和夫人，有薄礼以表孝顺之心，请您转达。”

华阳夫人姐姐命门下客款待吕不韦，亲自入宫告于华阳夫人。

夫人见珍玩，以为“王孙真的想念我”，心中大喜。夫人姐姐回复吕不韦，吕不韦问华阳夫人姐姐说：“夫人有几个儿子？”回答：“没有。”吕不韦说：“我听说‘靠美貌赢得别人宠幸的人，一旦年老色衰，就会失去宠幸’。夫人被太子宠爱，但没有儿子，公子异人贤孝，又忠于夫人，如果夫人栽培于他，夫人不就可以世世受宠了吗？”华阳夫人姐姐再次进宫转告华阳夫人，夫人说：“此人言之有理。”于是华阳夫人，在安国君面前枕边风一吹，安国君就答应了。

吕不韦知道王后的弟弟阳泉君非常受宠，就贿赂他的门下，求见阳泉君说：“你的罪行足以致死，你知道吗？”阳泉君大惊：“我有何罪？”吕不韦说：“你的门下无不居高官，享厚禄，骏马盈于外厩，美女充于后庭；而太子门下，无富贵得势的。秦王已经高寿了，一旦死去，太子嗣位，他的门下怨君必甚，君之危亡不远了！”阳泉君说：“我当如何？”

吕不韦说：“我有一计，可以使君寿百岁，安于泰山，不知愿不愿意听？”阳泉君跪着请求。吕不韦说：“大王老了，而太子又没有合适的继承人，王孙异人贤孝闻名于诸侯，在赵国当人质，日夜思念归国，你如果在大王那里建议使异人归国，让太子立为继承人。异人无国而有国，太子之夫人无子而有子，太子与王孙当上国王以后，你的爵位可以保持世世代代。”阳泉君下拜说：“感谢赐教。”第二天，阳泉君把吕不韦之言告诉王后，王后告诉秦王，秦王说：“等到赵国人请和，我当迎此子归国。”

从这个故事不难看出，吕不韦可谓是一位“飞箝”高手，他用一句“不想回国了吗？”就“箝制”了公子异人；一句“一旦年老色衰，就会失去宠幸”就“箝制”了华阳夫人；一句“你的罪行足以致死”就“箝制”了阳泉君。从而为吕不韦最终掌控秦朝铺平了道路。

深谙飞箝之术的人，都善于琢磨他人的秉性、喜好、虚实，而且还能据此展示一系列“攻势”，从而像牵牛鼻子一样，牵着别人走。

第五章
忤合：以忤求合，因事为制

“忤”是相背，“合”是相向。以忤求合，先忤后合，事物变化和转移，就像铁环一样连接而无中断，形成各种各样的发展态势，或是相向归一，或是悖逆相反。

在本章，鬼谷子谈到了纵横家的谋略和品格，即作为一个纵横家，一定要有胸怀天下的格局，明辨时势，恰到好处地选择能成就事业的君主作为自己的发展基础。一旦确立为谁服务，就再也不能为相对的他人服务。这是鬼谷子给后人带来的启发。

因事为制，狭路相逢谋者胜

【原文】

凡趋合倍反，计有适合。化转环属，各有形势。反覆相求，因事为制。

【译文】

无论是联合还是对抗的行动，均要有合宜的计谋。所向与所背的双方，就像圆环一样旋转而无中断，各有自己的形势。对于各方的具体情况，应反复进行研究。根据事态的发展，决定自己的态度。

【延伸阅读】

在纷繁复杂的社会生活中，当彼此对立的各方都邀请自己加入的时候，应该接近谁，远离谁？弄清这一点是很重要的。鬼谷子给出的答案是“因事为制”，也就是根据事态的发展来决定。

三国争霸时期，笑到最后的是曹操。原因何在？关键就在于曹操是个善用计谋之人。他深谙“凡趋合倍反，计有适合”的道理，所以他虽数次遇险，却都能捡回一条命，并且最终将整个局势翻盘。

刘备到东吴联姻，偕夫人平安回到荆州。孙权以“招亲”为名谋取荆州的计划失败，十分恼怒，想兴兵进攻刘备，以报仇雪耻。

谋士张昭劝阻道：“北面曹操日夜在想报赤壁之仇，只是怕我们同刘备同心合力，所以不敢轻率兴兵。今天主公如忍不住一时之愤，与刘备相互残杀，曹操一旦乘虚进攻，东吴就危险了。”

谋士顾雍献计道：“我看还是派人到许都去，推荐刘备为荆州牧。曹操知道后认为我们两家十分团结，就不敢向我们东吴发动战争，而且刘备也不会怨恨主公。之后再用反间计唆使曹操、刘备相互吞并，我们就可以乘虚谋利，荆州就有可能为我所得。”

孙权即派华歆带着奏表前往许都。曹操接见华歆后，手足无措，心情慌乱。对谋士程昱说：“刘备是人中之龙，平生未曾得水。今天占领荆州，是困龙跃入大海，无人是他的对手，令我心惊胆战。”

程昱说：“孙权一直是忌恨刘备的，常常想发兵进攻他，只怕丞相乘虚袭击东吴，所以派华歆为大使，推荐刘备为荆州牧，我有一个计策，让孙、刘之间自相火并，丞相可以乘虚谋利将他们两家各个击破。”

曹操大喜，急问：“什么计谋？”

程昱说：“东吴最倚重的将领是周瑜，丞相向皇帝推荐周瑜为南郡太守，程普为江夏太守，并留华歆于朝廷重用。这样，孙权、周瑜为得到南郡、江夏，一定会兴兵讨伐刘备。我们乘虚进攻，不是很好吗？”

曹操立即采纳程昱的建议，将孙权踢来的球踢了回去。事情的发展果然不出程昱所料，周瑜既然接受了南郡太守的任命，一上任便向孙权提出兴兵夺回荆州的要求。

结果周瑜不但没能收回荆州，反被诸葛亮给活活气死了。自此，孙、刘两家又陷入了战争的漩涡。

孙权举荐刘备为“荆州牧”，意在引起曹刘大战，自己坐山观虎斗。但聪明的曹操却并不上当，他将计就计，向皇帝推荐周瑜为南郡太守，程普为江夏太守，又把矛盾交还给了孙权。

这便是鬼谷子所说的“凡趋合倍反，计有适合”。

不管是对抗，还是合作，都要因事而制。在历史上，许多有远见的政治家都因做到了这一点，而改变了敌我力量的对比，使自己走出了困境。

春秋时期，鲁国是一个小国，因为实力不济，所以经常被一些强国威胁。为了安全，鲁国国君便想到了和晋、楚这两个强国结交，并准备将自己的几个儿子派到晋、楚两国去，名义上去做官，其实是当作人质。鲁国大夫犁钼反对这种做法，他对国君说：“大王，如果您的儿子落水了，您到越国去求人救他，越国的人虽然善于游泳，但也救不活您的儿子；如果鲁国失火了，您到海里去取水，海水虽多，也不能及时扑灭大火，这是因为远水难救近火啊！现在晋国和楚国虽然强大，但距离鲁国很远。离我们最近的大国是齐国，如果让公子去齐国，我们和齐国结交，当鲁国有难时，齐国能不来相救吗？”鲁国国君认为他说得很有道理。

鲁国国君舍近而求远，准备结交一些根本帮不上忙的盟友，这种做法违背了常理，显然是错误的。但是他联合其他强国，寻求安全保障的做法是正确的。有时候，当我们面临共同的威胁时，靠一个人的能力是不足以应对的，这个时候，可以考虑和其他人的合作，大家求同存异，优势互补，共同应对面前的困难。

不管在历史上，还是现实中，大凡那些小有成就的人，都非等闲之辈。他们在为人处世时，总要比常人更善于观察形势、思考问题、制定策略。所以，他们常常能将胜利握在手中，而笑到最后。

伺机而动，该出手时就出手

【原文】

是以圣人居天地之间，立身、御世、施教、扬声、明名也，必因事物之会，观天时之宜，因知所多所少，以此先知之，与之转化。

【译文】

圣人生于天地之间，自立于社会，处理世事，教化人民，传播学说，宣扬名声。他们必定把握事物的发展机遇，看准社会发展的状况与趋势的适当时机，据此知道并决定所做的哪些方面有余，哪些方面不足，由此做到先知其情，然后运用计谋，促进事物向有利的方面转化。

【延伸阅读】

谋圣鬼谷子之所以说“必因事物之会，观天时之宜，因知所多所少，以此先知之，与之转化”，是因为他深知机会的重要性，即使在他那个年代，成功的一半也是要靠机会的。当然，有了机会不是立刻就能转化为结果，还是要继续努力，以更优异的成绩争取得到认可。

《战国策》里有一则寓言：两只老虎因为争吃人肉而发生了争执。管庄子准备去刺杀这两只虎，有人制止他说：“老虎是凶狠的动物，人肉是它认为最香甜的食物。现在两只老虎为争吃人肉而打斗，一定是一死一伤，你就等着去刺杀那只受伤的虎吧！这样，你不用花费杀死一只虎的辛苦，实际上却能得到刺杀两只虎的英名。”故事虽短，但很有哲理性。

做事要想达到事半功倍的效果，一定要懂得抓机遇，机遇抓得好，会促进事物向好的方向转变。如果机遇抓得不好，可能会事倍功半。做任何事情，都不能操之过急，要学会伺机而动，在正式行动之前，可以有一些小的作为，以积聚力量。

在现实生活中，机会犹如电光石火，稍纵即逝。我们要及时发现，果断“出手”才能把握住制胜的良机。

房玄龄作为李世民的心腹参谋，比别的文臣武将更具政治眼光，想得更全面。在唐王朝建立后，在皇位归谁的政治斗争中，他着力促成李世民下手，发动“玄武门之变”，取得主位。

当时的情况是：李建成是唐高祖李渊的大儿子，李世民是次子，按照嫡长子继承皇位的规定，李渊立了李建成为太子，而李世民在长期的作战中，不仅战功显赫，而且手下文武人才济济。所以，唐高祖也给他特殊待遇，加号“天策将军”，位在一切王公之上。李世民的“天策府”可以自署官吏，实际上形成了一个独立王国。这必然会引发斗争。一方面是李建成对李世民“功高势大”产生了极大疑虑，一方面是李世民在暗中组织私党，蓄力待发。事情终于发展到剑拔弩张的地步。有一天，李世民从太子李建成处赴宴回来，食物中毒，“心中阵痛，吐血数升”，这引起李世民及其手下的极大恐慌。

怎么办？房玄龄知道，应当先下手，如果晚了，必然大祸临头。于是他想了一个办法，立即找到李世民的妻兄长孙无忌，对他说：“现在嫌隙已成，危机即发，大乱一起，必将危及整个国家的安宁。

我们应当按照周公的做法，‘外宁华夏，内安宗社’。”其意很清楚，是要李世民像周公除掉管叔、蔡叔那样，除掉李建成和他的同党李元吉（李渊的第四子），这样才能保住秦王李世民的地位，保住唐王朝的统治。并让长孙无忌把这个意见转告李世民。李世民听了长孙无忌的话后，立即召见了房玄龄，谋划进行宫廷政变的具体事宜。随后，杜如晦、高大廉和大将侯君集、尉迟敬德也参加密谋，形成李世民的核心集团，太子建成对李世民的密谋有所察觉，于是上奏李渊，说了李世民、房玄龄、杜如晦许多坏话。

形势到了万分危急的关头，房玄龄赶紧同长孙无忌劝说李世民立即下手。他对李世民说：“事情已经十分紧迫了，为了保住江山，应决心大义灭亲。如果再当断不断，便会坐受屠戮。”犹豫不决的李世民终于被说服了。

在政变前夕，李世民命令尉迟敬德将房玄龄、杜如晦化装成道士秘密送进秦王府，细致谋划，然后发动了“玄武门之变”。这次武装政变中，李建成、李元吉同时被杀。不久，唐高祖李渊主动退位，让位给李世民，改元贞观。

时机来到，有的人能及时发现；有的人却视而不见；有的人虽然有所发现，但认识不清，把握不准。对机会的认识决定了对机会的选择。不能识机，也就无所谓择机；识机不深不明，便会在机会选择上犹豫徘徊，左顾右盼，不能当机立断，最终遗失良机。

所以说，机会并不是赐给每个人的。在社会生活和社会竞争中，机会只偏爱那些有准备的头脑，只垂青那些深谙如何追求它的人，只赐给那些自信必能成功的人。它犹如明察善断者不断进击的鼓点，是长夜中士兵即刻开拔的号角。在它面前，任何犹豫都与它无缘，都不能开启胜利之门。机不可失，时不再来，在进退之间，不能把握时机，必将一事无成，抱恨终生。

知己知彼，有所为有所不为

【原文】

世无常贵，事无常师。圣人无常与，无不与；无所听，无不听。成于事而合于计谋，与之为主。合于彼而离于此，计谋不两忠，必有反忤。反于此，忤于彼；忤于此，反于彼。其术也。

【译文】

世上没有永远显贵的事物，事物没有永恒的师长和榜样。圣人常常是无所不做，无所不听。办成要办的事，重要的是不违背预定的计谋。如果为了自己的君主，合乎这一方的利益，就要背叛那一方的利益。凡是计谋不可能同时忠于两个对立的君主，必然违背某一方的意愿。合乎这一方的意愿，就要违背另一方的意愿；违背另一方的意愿，才可能合乎这一方的意愿。这就是“忤合”之术。

【延伸阅读】

鬼谷子所说的“忤合之道”，绝不是风吹两边倒式的“骑墙”，而是有原则、有立场的行为。他认为，为了达到某一目的，实现某一意愿，通常要曲折地、灵活地应变，这就是“忤合”之术。

世界的万事万物总是处于变化之中，正如鬼谷子所言“世无常贵，事无常师”，所以“成于事而合于计谋，与之为主”或“合于彼而离于此，计谋不两忠，必有反忤”。由此可知，“忤合”是事物发展变化中的应变常规。

任何事物都有正反逆顺的发展形式，施用“忤合”之术的前提是必须对具体事物多方研究，从而采取具体的应变方法。缺乏针对性的以反求合，不仅不能实现原先意图，而且可能适得其反。如北宋初年，渭州知州曹玮就曾利用此法战胜敌人。

北宋初年，西夏人经常侵犯边境，一次他们又来骚扰，曹玮领兵出战，打了胜仗。敌人丢下物资逃跑了，曹玮派人打探到他们已经走远了，命令士兵赶着敌人丢下的牛羊，抬着他们丢下的物资，慢慢地往回走。敌人逃了几十里后，听说曹玮贪图财物行动迟缓，队伍零散，就又返回想袭击他们。曹玮得到情报后，仍然不慌不忙地带着队伍慢慢走，部下很担心，对曹玮说：“把牛羊丢下吧，带着这些东西，跑也跑不动，打也打不了，敌人追上来怎么办？”

曹玮对这些话全不理会，还要队伍往前走，又走了半天，到了一个比较有利于战斗的地形，曹玮才命令停下来等待敌人的到来。敌人快要逼近的时候，曹玮派人迎上去对他们的首领说：“你们从远道而来，一定很疲劳，我们不想乘你们疲劳的时候和你们作战，请你们的人马先休息一会儿，然后咱们再决战。”敌人正跑得筋疲力尽，听他如此说非常高兴，坐下来休息。过了好长时间，曹玮派人对敌人说：“休息好了，咱们可以交战了。”于是双方击鼓进军，曹玮的部队毫不费力就把敌人打得大败。

曹玮的部下对这一仗取胜如此容易都感到奇怪。曹玮说：“我知道敌人已经很疲乏，让大家赶着牛羊抬着财物，表现出贪图财物的样子，是为了诱骗敌人，把他们引出来。等到他们走了很远之后再回过头来袭击我们，几乎走了一百里地。这时如果马上和他们交战，他们虽然疲劳，但是士气正旺，谁胜谁负很难定夺。我让他们先休息，是因为走远路的人，停下来休息一会儿，就会腿脚肿痛麻木，站立不稳，根本无法作战。我就是根据这一经验打败他们的。”

这个故事中，曹玮将普通的生活经验，运用到实际作战中，为了诱惑敌人，他采用了非常规的“忤合”之术，结果产生了意想不到的效果。

当然，不管是在战争中，还是在现实生活中，要成功使用“忤合”之术，必须要满足两个基本条件：首先，必须要认识到，万物皆在变化之中，只有变化才会带来转机；其次，要做到知己知彼，也就是要清楚对方的谋略，以及对方对自己的做法可能产生的反应。只有这样，才能在博弈中赢得主动，把握住先机。

谋事在先，莫要一路走到黑

【原文】

用之于天下，必量天下而与之；用之于国，必量国而与之；用之于家，必量家而与之；用之于身，必量身材能气势而与之。大小进退，其用一也。必先谋虑计定，而后行之以飞箝之术。

【译文】

如果将忤合之术用之于天下，一定要把整个天下都放在"忤合"中进行权衡，然后为之计谋；如果将忤合之术用之于国家，一定要把整个国家都放在"忤合"中进行权衡，然后为之计谋；如果将忤合之术用之于家族，一定要把整个家族都放在"忤合"中进行权衡，然后为之计谋；如果将忤合之术用之于个人，一定要把此人的才能气势都放在"忤合"中进行权衡，然后为之计谋。总之，运用忤合之术的范围或大或小，方式或进或退，其使用的基本规律是相同的。做事之前，一定要预先谋划、分析、定好计谋，然后再运用飞箝之术。

【延伸阅读】

要想成为一个出色的拳击手，光懂得直拳、勾拳是远远不够的，必须掌握一整套可攻可守的组合拳，才能令对手眼花缭乱，难以招架，俯首称臣。

在现实生活中，我们谋事或决策之时，也要多准备几手以防意外和不测，不能孤注一掷，甚至坚持一条道走到黑。这就考验一个人的谋事能力，谋事能力越强，越能有效地运用忤合之术。

《智囊》有一段关于慎子事迹的记载，非常精彩：

楚襄王做太子时，被送到齐国作人质。楚怀王死，太子要辞别齐王回到楚国，齐王不许。齐王说："你给我东地五百里，我就放你回去，否则，不放你走。"太子征求太傅慎子的意见，慎子说，应该答应献地。这样，太子以献地五百里为代价归还楚国，即位为王。

不久，齐国派五十乘来楚国索取土地。楚王问慎子："齐国派人索要土地，我们该怎么办？"慎子说："大王明天朝见群臣，令他们各献计策。"

上柱国子良入见楚王。楚王说："寡人得以返国为王，是因为把东地五百里许给了齐国。如今齐国派人索取土地，如何是好？"子良道："大王不能不把地献给齐国。大王身为一国之君，金口玉言，已经答应献给具有万乘之强的齐国五百里土地，如果食言，便是不守信义；言而无信，以后便无法同诸侯结盟缔约。大王可以先把土地献给齐国，而后再进攻齐国。献地于齐，这是讲求信义，然后再以武力夺回，这也无可非议。因此，臣以为应该献出东地。"

子良退出，昭常入见楚王。楚王说："齐国派使者来索取东地五百里，该怎么办？"昭常说："这地不能给齐国。所谓万乘之国，是因为有广大的地盘，如今割去东地五百里，这便使我国的领土少了一半，为此，虽有万乘之国的称号，连千乘的实力都没有。绝不能给！臣请求镇守这东地五百里。"

昭常退出，景鲤入见楚王。楚王说："齐国派人索取东地五百里，这可怎么办？"景鲤说："不能把地给齐国。不过，我们楚国也难以凭自己的力量保住这块地盘。大王身为一国之尊，金口玉言，答应把东地五百里给齐国不兑现，天下的人都会说您不守信义。可是楚国又难以独守此地，因此，臣请向西求救于秦。”

景鲤退出，慎子入见楚王。楚王便把三位大夫的计策讲给慎子说：“子良见寡人说：‘不能不献东地，可以先献地后施武力夺回。’昭常见寡人说：‘不能献出东地，昭常愿意守住东地。’景鲤见寡人说：‘不能割地于齐。不过楚国无力独守，臣请求救于秦国。’寡人用他们三人中谁的计谋更好呢？”慎子答道：“大王可以将三人的计谋同时采用。”楚王顿时变色道：“你这是什么意思？”慎子说：“请允许我效法他们的说法，说完了大王就知道三计并用的可行性。大王发上柱国子良车五十乘，即日起程，到北面齐国去献地；然后，派昭常为大司马，令他前往东地镇守，明天让他动身；派遣景鲤率五十乘车，向西去秦国求救兵。”

楚王依从慎子的计谋。子良到了齐国，齐国派使者来接收东地。而昭常却对齐国的使者说：“我奉命镇守东地，并且与东地共存亡。我这五尺之躯、六十之龄，以及三十余万楚国将士，甘愿为守东地而献身。”齐王对子良说：“大夫您来献地，却又让昭常守住东地，这是为什么？”子良说：“臣是传达楚国之君的意志，而昭常是假借王命。请大王进攻东地，征讨昭常。”于是，齐国大军还未到达齐楚边界，秦国就派了五十万大军到了齐国的右部边界，说：“齐国阻止楚太子归国，又要攻夺楚国的东地五百里，这是不仁不义之举。如果停止用兵，也就罢了，否则，我们就与你们决一死战。”齐王惊恐异常，赶紧请子良回国，又向西出使秦国，以解举国之难。就这样，楚王未动一兵一卒，而使东地依然属于楚国。

慎子为保住楚国地五百里的做法，可称一绝，这不是两手准备，而是多手准备，真是老谋深算，周到细密。

客观形势的发展或必然性很大，并不是绝对确定、不可改变的，出人意料、瞬息万变也是常有的事。为此，我们办事情、想主意，绝不能“一条道走到黑”，活动方案应该有足够的弹性，有多个可供选择项，这样，一旦形势发生变化，便不会因为某一个方案失败而一筹莫展，而是进退有路，应付自如。俗话说的“狡兔三窟，免去一死”，就是这个意思。

投靠明主，良臣要择主而事

【原文】

古之善背向者，乃协四海，包诸侯，忤合之地而化转之，然后求合。故伊尹五就汤、五就桀，而不能有所明，然后合于汤；吕尚三就文王，三入殷，而不能有所明，然后合于文王。此知天命之箝，故归之不疑也。

【译文】

古代那些善于通过忤合之术纵横天下的人，常常掌握着四海之内的各种力量，把天子和诸侯都掌握在自己手中，运用忤合之术使他们根据自己的实际需要而改变，然后与他们相合。所以，伊尹五次归附汤，然后又五次离开汤投奔夏桀，但心里还是不明白追随谁，最终合于商汤，被重用；姜尚三次归附文王，又三次离开文王投奔商纣王，但心里还是不明白到底追随谁，最终离开纣王归附了文王。这是因为经过多次的忤合之后，知道了天命所归的明主为谁，所以最后一次归附之后就再也没有疑虑过了。

【延伸阅读】

“良禽择木而栖，贤士择主而事”，这是中国古代谋士人格力量的表现，也是其处世心术之一。择主而事，就是要选择那些他们心目中的“明主”，去辅助他，为他出谋划策，使自己的聪明才智得以充分发挥。

李斯生于战国末年，年轻时当过小官，对当时的现实和自己的处境很不满，一心想建功立业。他经常看见在厕所中觅食的老鼠，遇见人或狗就慌忙逃窜，样子显得十分狼狈。再看粮仓中的肥鼠，自由自在地偷吃粮食，没有人去打扰。

李斯由感叹得到启发，发现人要像粮仓之鼠，才能为所欲为，自由自在。他到齐国去拜荀子为师，专门学习治理国家的学问。

学成之后，李斯仔细分析了当时的形势。楚王无所作为，不值得为他效力。其他几国势单力薄，也成不了大气候。他感到只有秦国能有所作为，于是决定到秦国去。

临行前，荀子问李斯去秦国的原因，李斯回答说：“学生听说不能坐失良机，应该急起直追。如今各国争雄，正是立功成名的好时机。秦国想吞并六国，统一天下，到那里去正可以干一番大事业。人生在世，最大的耻辱是卑贱，最大的悲哀是穷困。一个人总处于卑贱贫穷的地位，就像禽兽一样。不爱名利，无所作为，不是读书人的真实想法。所以我要去秦国。”荀子对此加以赞赏。

李斯刚到秦国时，并不得志。后来相国吕不韦发现李斯博览群书，加以重用，李斯才有了接近秦始皇的机会。

这时秦始皇正想一统天下，李斯趁机向他献计说：“凡是成大事业者，都应抓住时机。秦国在穆公时虽然强盛，由于时机不成熟，没有完成统一大业。自孝公以来，王室衰微，诸侯争霸，各国连年打仗。现在秦国国力强盛，大王英明，消灭六国像除灶尘一样容易。这正是完成帝业，统一天下的大好时机。如果错过机会，等各国强大并联合起来后，那时虽有黄帝的英明，也难以吞并天下了。”

秦始皇听了这些话十分兴奋，马上提拔李斯为长史，按他的谋略派谋士刺客到各国去，用重金收买各国大臣名士，收买不了的就刺杀。与此同时，又派出名将率重兵以武力威胁，迫使各国就范。

在十年时间内，李斯辅佐秦始皇消灭了六国，完成了统一天下的大业。他因此为秦始皇所器重，官位上升到了丞相。

李斯不愧是识时务者，当然属俊杰之列。他从厕所和粮仓中老鼠的两种截然不同遭遇，而得到启发：一定要选择英明的君主，才能使自己像仓鼠那样，“为所欲为，自由自在”，充分施展自己的才华。

中国历史上还有不少谋士像李斯那样“择主而事”，如商朝末年的姜子牙，直到晚年才遇到自己心目中的明主；汉代人称“大树将军”的冯异，曾数易其主，最后投靠当时还官小势微的刘秀，并辅佐其打下天下，建立东汉王朝；还有三国时的诸葛亮……

当然，择主而事要顺应时势，顺应历史发展的要求，决不能“有奶就是娘”而盲目事之。那样，不仅会毁了你的大好前程，还会为你带来灾祸。

不做厕所中的老鼠，不事暗主，乃至弃暗投明，才能在历史的风云中实现自己的平生之志。

量力而为，识时务者为俊杰

【原文】

非至圣达奥，不能御世；非劳心苦思，不能原事；不悉心见情，不能成名；材质不惠，不能用兵；忠实无真，不能知人。故忤合之道，己必自度材能知睿，量长短远近孰不如。乃可以进，乃可以退；乃可以纵，乃可以横。

【译文】

（对一个纵横家来说，）如果没有高尚的道德、不懂高深的道理，便不能治理天下；不费尽心思苦苦求索，就不能看清事物的本质；不全神贯注地考察事物的实际情况，便不能成名立世；资质欠佳、悟性不够，便无法统兵作战；愚忠呆板而无真知灼见，便不能正确识人。所以，运用“忤合”的规则是：先估量自己的才能，衡量自己与他人之间孰优孰劣。知己知彼，方能随心所欲，进退自如，纵横天下。

【延伸阅读】

战国时期，鲁国有一个施姓人家，他有两个儿子，一个喜好学问，一个则喜好作战。喜好学问的那个儿子，用他所学去齐国游说，齐国君主让他做了公子们的老师；喜好作战的那个儿子，用他所学去楚国游说，楚国的君主让他做了军官。这样一来，施家便因此而发迹了。

施家的邻居姓孟，也有两个儿子，同样也是一个习文，一个习武，但孟家很贫困。孟家见施家一下变得很富有，非常羡慕，便去施家请教致富的经验。施家便把两个儿子出外游说而做官的事，原原本本地告诉了孟家。

孟家习文的儿子用他所学，向秦国君主大讲仁义治国的道理，秦王不满地说："寡人如果采纳你说的仁义治国，必遭灭亡！因为当今各国都是采用武力竞争，所专心做的不过是足食足兵而已。"秦王一气之下，下令对他行阉割之刑（即割掉睾丸），然后放了他。孟家习武的儿子，用他所学向卫国君主游说。卫王对他说："卫国只是一个弱小的国家，夹在几个大国之中求生存，不得不服从大国，安抚小国，以保平安无事。寡人如果采纳你的以武力谋胜的办法，卫国很快就会灭亡。"卫王心想，如果就这样放这个人回去，他必定还会去别国游说武力竞争之事，将对我国造成严重威胁，于是下令砍断他的脚，送回鲁国。

孟家见两个儿子的遭遇，不但没有致富反而受害，一家人气得捶胸顿足。于是，孟家非常气愤地找到施家，又哭又闹，大加责备。施家心平气和地解释道："我们两家一直和睦相处，你们有难，我们也能理解和同情。不过，这件事呢，应当总结教训才是。这中间包含了深刻的道理：'不管什么样的人，凡是他的行为符合时宜者就会昌盛，违背时宜者就会危亡。'就我们两家来说吧，所学和做法都是一样的，为什么结果却完全相反呢？并不是你们的行为做法不对，而是因为违反了时宜。天下的道理没有绝对正确的，也没有绝对错误的。过去所用的道理，现在也许认为过时而不适用；现在要舍弃的，也许将来又要用它。这种用与不用，没有一定的是非和准则。

看准机会，投合时机，并没有固定的方式，必须要靠聪明机智。否则，纵使像孔子那样博学，像吕尚那样有谋略，不合时宜，到什么地方都摆脱不了穷困！”孟家父子听了，才恍然大悟，逐渐消除了对施家的怨恨。

同一种做法，结果却相反，这是经常有的事。郑家的做法，因为投合了时宜，而得到昌盛；孟家的做法，由于违背了时宜，反遭祸害。前者做事有针对性，即找准了对象，根据对象目前的实际情况以所学去投合，目的性明确，自然会产生好的结果；后者做事缺乏针对性，不符合对象的实际情况，甚至还产生抵触，当然不会带来好的结果。

无论做什么事，都要从实际出发，要具体情况具体分析，要量力而行，使言语和行动顺应时代和潮流。只有“识时务”“合时宜”，才能把握住时代的脉搏，才能更恰当地施展聪明才智，否则再有能力，也很难在竞争中立于不败之地。

第六章

揣篇：揣摩心意，明察秋毫

本章讲的是关于“揣度”的谋略，即要在敌人最高兴的时候去刺激他们的欲望，利用其欲望来刺探实情；对方有了欲念，就无法隐藏其性情。另外，还要利用对手最害怕的时机，去加剧其恐惧，从而探到实情。也可以趁对方不高兴时前往，那么就能完全了解其仇恶。对方有了仇恶，也无法隐藏其性情。鬼谷子认为，我们可以通过他人的外在表现，而揣测其内心世界，也可以运用巧妙的语言，来诱使对方表露真情。

度权量能，精心权衡天下势

【原文】

何谓量权？曰：度于大小，谋于众寡。称货财有无之数，料人民多少，饶乏有余不足几何；辨地形之险易，孰利孰害；谋虑孰长孰短；揆君臣之亲疏，孰贤孰不肖；与宾客之知慧，孰少孰多；观天时之祸福，孰吉孰凶；诸侯之交，孰用孰不用；百姓之心，去就变化，孰安孰危，孰好孰憎。反侧孰辩，能如此者，是谓量权。

【译文】

所谓的量权就是测量国家地域大小，谋士的多少，估量一个国家的物产资源和国家财富的多少，估量人口多少，贫富，什么有余什么不足，以及达到了什么样的程度；分辨地形险易，哪里有利，哪里有害；判断各方谋虑谁长谁短；分析君臣亲疏关系，谁贤能谁奸诈；考核谋士的智慧，谁多谁少；观察天时的吉凶；比较诸侯之间谁可以利用谁不能；检测民心向背，预测反叛的事情哪里容易发生，哪些人能知道内情……能够做到这些就是量权。

【延伸阅读】

《鬼谷子》有言："量权不审，不知强弱轻重之称；揣情不审，不知隐匿变化之动静。"慎重细致的掌握天下政治形势的变化，真正地了解外交形势的举足轻重，时局的把控才能更加精准。

刘邦一生精明过人，“白登山之围”却暴露出其性格的缺陷和人性的弱点，他骄傲自大，不纳贤言。

公元202年，刘邦战胜了项羽，统一了全国，随即称帝。与此同时，活跃在北方蒙古高原一带的匈奴，在经受了秦王朝的打击后，利用中原的战乱，实力得以恢复，成为这个新兴王朝的最大威胁。

刘邦为了抵御北方匈奴的入侵，特别指派韩王信驻守晋阳（今太原南）。韩王信与匈奴交战，败多胜少，有一次，王都马邑也被围困，只得多次派使者与匈奴求和。对异姓诸侯王本就猜疑的刘邦得知后，认为韩王信有“二心”，随即“使人责让信”。韩王信非常惊恐，他担心刘邦会治罪于他，索性就投降了匈奴。

韩王信的背弃是基于自保的深层动机，他知道刘邦多疑，担心长此以往可能要掉脑袋。与其战战兢兢地冒着生命危险给刘邦卖命，还不如反戈一击，攻打自己潜在的对手，如果一旦胜利，自己就可以除掉心腹大患，高枕无忧了，况且，当时的情形下，新的雇主匈奴那边的军事实力明显地强于汉朝这边，所以韩王信的打算也是一种很现实、很精明的考虑。

在这种情形下，公元前200年，刘邦御驾亲征前去平叛韩王信的叛乱，大军从长安出发，不久大败韩王信主力，斩杀了其大将王喜，韩王信远逃到匈奴，与匈奴兵联合，准备会战。冒顿单于一万多骑兵逼近晋阳与汉兵交战，被汉军击败，逃至离石，又被击败。匈奴且败且走，收拢败军在楼烦（今宁武），而汉兵又鼓余威败之。

当时，刘邦正驻扎在晋阳，汉军连连得胜，他不免对匈奴起了轻敌之心，又听说冒顿单于正驻扎在代谷（今桑干河谷），就要亲自带人去追击，想就算不能“毕其功于一役”，彻底消弭边患，至少也可以像秦将蒙恬击败匈奴一样，使胡人“不敢南下牧马”。

为了万无一失，刘邦派了十数人前去打探，使者回来报告说，一路上见到的匈奴人，都是老弱病残，连马牛等畜生，也瘦弱得像好多天没吃过草或者刚刚经历了一场瘟疫。据此看来，这仗打得。

虽然这样，刘邦还是不敢轻进，又派了娄敬去打探。娄敬回来说，自己看到的情况与之前看到的一样，担心其中有诈，因为两国交战，都要把最强的一面展示给敌人看，以使敌人有畏惧之心，现在我们所见到的匈奴的情况，好像不堪一击，这很有可能是敌人意欲诱敌深入，然后埋伏奇兵、以逸待劳，打我们个措手不及，这仗打不得。

但是，汉军大部人马已经开拔，越过了句注山，箭在弦上不得不发。况且骄傲的刘邦已经听不进去这番话，骂娄敬不过是个以口舌之利得官的“齐虏”，在大军即将战斗时说这样灭自家威风，长别人志气的话，分明是要扰乱军心。他立即将娄敬捆了押到广武，等打败了匈奴回来再收拾他。刘邦一路追击，匈奴不断撤退，为了加快追击速度，刘邦亲自率领的两三万骑兵突进，而约三十万的大部队步兵，渐渐被甩在身后。一路上倒也顺利，但等过了平城（今大同），抢占了高地白登山后，却发现匈奴的精骑四十万已经将白登山团团包围，让他大惊失色，想赶紧退却，却为时已晚。时值冬季，天降大雪，久在中原作战的刘邦部队根本没有在这种气候条件下作战的经验，加之军需补给供应不上，非战斗减员也十分严重，军卒“堕指者十之二三”。无奈之下，刘邦只得在白登山上，据险而守，等待援兵。

最初的接连胜利，使刘邦滋生了轻敌之心，这种心理使他很难听取别人的规劝，这就为他后来的中计预设了心理陷阱。在刘邦骄傲自大的心态下，他又亲眼看到了匈奴的老弱病残之兵，所以宁可相信自己的眼睛，也不想听娄敬之忠言，结果真的是兵不厌诈，被围困于白登山。

就我们当今的社会而言，鬼谷子所说的“量权”，就是指考察社会环境。选择和创造一个良好的社会环境，将有利于人的成长和事业的开展。人是社会性的动物，社会环境对于个人的发展具有重要的影响。人们一般用“天时、地利、人和”来对社会环境加以概括。对于渴望成功的人而言，这三者都是需要加以考虑的因素。

测深揣情，事先寻找突破口

【原文】

揣情者，必以其甚喜之时，往而极其欲也，其有欲也，不能隐其情；必以其甚惧之时，往而极其恶也，其有恶也，不能隐其情。情欲必知其变。感动而不知其变者，乃且错其人，勿与语而更问其所亲，知其所安。夫情变于内者，形见于外。故常必以其见者而知其隐者，此所谓测深揣情。

【译文】

擅长揣情的人，会抓住人“甚喜”“甚惧”这两个时机。在对方甚为喜悦之时前去游说，并设法使其欲望极度膨胀，只要对方表现出欲望，一般无法隐匿内心所想，定会显露真情。在对方甚为戒惧之时前去游说，并设法使其对某人某事的厌恶达到极点，只要对方表现出厌恶，便也不会隐瞒真情。对方不能控制情绪的时候，一定可以了解其思想动态。如果对方内心有所触动，却不显露于外，说明此人非常深沉。此时，不妨暂且抛开他本人，不要与他当面交谈，而向他所亲近的人调查，从中了解此人的内心。一般而言，当人的情绪发生波动时，自然会表现于外。因此，不时地察言观色，可判断其内心所想。这就是所谓的“测深揣情”。

【延伸阅读】

鬼谷子这里所说的“揣”，是揣情的意思。他认为，即使有先王之道，有圣人之谋，没有揣情术也无法知道隐匿的东西。所以说，揣情是谋略的根本，是游说的主要方法。能动用此术的人，便能从事情中认识人，同时在事情还没有发生以前，便事先知道事情的发生、发展和结果，这是最难的，所以对揣情来说，最难的地方在于掌握对方情感的变化。

鲁国大夫郈成子出使晋国，路过卫国，卫国的右宰谷臣留下并宴请他。右宰谷臣陈列乐器奏乐，乐曲却不欢乐；喝酒喝到畅快之际，把璧玉送给了郈成子。

郈成子从晋国回来，又经过卫国，却不向右宰谷臣告别。他的车夫说："先前右宰谷臣宴请您，感情很欢洽，如今重新经过这里，您为什么不向他告别呢？"郈成子说："他留下我，并宴请我，是要跟我欢乐一番，可是陈列乐器奏乐，乐曲却不欢快，这是在向我表示他的忧愁啊！喝酒喝到畅快之际，他把璧玉送给了我，这是把璧玉托付给我，如果从这两点来看，卫国大概有祸乱吧！"

郈成子离开卫国30里，卫国境内果然有人作乱杀死卫君，右宰谷臣为卫君殉难，郈成子回到鲁国后，派人去卫国接右宰谷臣的妻子和孩子，右宰谷臣孩子长大后，郈成子把璧玉交给了他。

孔子听说这件事后说："论智慧可以通过隐微的方式跟他进行谋划，论仁慈可以托付给他财物的，大概就是郈成子吧！"

晋襄公派人去周朝说："我国君主卧病不起，府龟甲占卜，卜兆说：'是三涂山山神降下大灾祸。'我国君主派我来，希望借条路去向三涂山山神求福。"周天子答应了他。于是升朝，按着礼节接待完使者，宾客出去了。

大夫苌弘对刘康公说："向三涂山山神求福，在天子这里受礼遇，这是温和美善的事情，可是宾客却表现出勇武之色，恐怕有别的事情，希望您多加防备。"刘康公就让战车兵士做好戒备等待着。

结果，正如所料，晋国果然先做祭祀的事情，然后趁机派杨子率领12万士兵跟随，渡过棘津，袭击了聊、阮、梁等蛮人居住的城邑，灭掉了这三国。可见，苌弘是一个揣情高手，他头脑清醒，不只靠简单的观察或是话语做判断。

当然，如果不懂“揣情术”，就不可能知道隐匿的东西，所以说“揣情”是谋策的根本。再来看一个例子。

齐桓公与管仲谋划攻打莒国，谋划的事尚未公布就被国人知道了，桓公感到很奇怪，问这是什么原因呢？管仲说：“国内一定有聪明的人。”桓公说：“那天说话时有一个向上张望的服役的人，我料想大概就是这个人吧！”于是就命令那天服役的人再来服役，不许别人替代。

很快，那个名叫东郭牙的人就来了。管仲说：“这个人一定是那个把消息传出去的人了。”于是就派礼宾官员领他上来，管仲和他分宾主在台阶上站定。管仲说：“是不是你散布了攻打莒国的消息？”东郭牙说：“是的。”管仲说：“我没有说过攻打莒国的话，你为什么要传播攻打莒国的消息呢？”东郭牙回答说：“我听说君子善于谋划，小人善于揣测，我是私下里揣测出来的。”管仲说：“你根据什么揣测出来的？”东郭牙回答说：“我听说君子有三种神色：面露喜悦之色，这是欣赏钟鼓等乐器时的神色；面带清冷安静之色，这是居丧时的神色；怒气冲冲，手足挥动，这是用兵打仗时的神色。那天我望见您在台上怒气冲冲，手足挥动，这是用兵打仗的神色，您的嘴张开了，没有闭上，这表明您说的是‘莒’，您举起胳膊指点，被指的正是莒国。我私下考虑，诸侯当中不肯归顺齐国的，大概只有莒国吧，因此我就传播攻打莒国的消息。”

这个故事，说明东郭牙不靠耳朵就能听别人的话，能在无声之中分辨他人所说的话。管仲的智谋在于能在无形之中有所察觉。不可否认，他们都是深谙鬼谷子“揣情术”的高手。

审时度势，善权衡利弊得失

【原文】

故计国事者，则当审权量；说人主，则当审揣情。谋虑情欲必出于此。乃可贵，乃可贱；乃可重，乃可轻；乃可利，乃可害；乃可成，乃可败。其数一也。故虽有先王之道、圣智之谋，非揣情，隐匿无可索之。此谋之大本也，而说之法也。

【译文】

决策国家大事的人，必须精心权衡利弊得失；游说君主的谋士，必须精心揣度实情。一切策划、谋略和欲求，均须从量权和揣情出发。精通揣情之术，可使人富贵，也可使人贫贱；可使人手握重权，也可使人微不足道；可使人受益，也可使人受害；可使人成功，也可使人失败；产生这些差异的法则是一样的。因此，即使你有古代贤君的大德，有大智之人的计谋，若离开揣情之术，就无法识破隐藏的真相。由此可知，揣情之术是策划计谋的根本条件，是游说君主的基本法则。

【延伸阅读】

鬼谷子认为，要想成功游说，或是实施自己的谋略，必须抓好两个环节，一是“审量权”，二是“审揣情”。这里的“审”，就是细致、精心的意思。在把握基本事实的基础之上，进行缜密的分析、判断，进而决定最佳的行动方案。

汉武帝即位后，在全国网罗了许多人才，东方朔便是其中之一。开始，汉武帝只给安排了个公车署待诏的位置，而且俸禄微薄。但是，他很想与汉武帝接近，于是想出了一计。

有一天，东方朔哄骗宫中看马的侏儒们，对他们说："你们一种不好田地，二不能驰骋疆场，三不能为国家出谋献策，只是坐在那里白白吃饭，留着你们有什么用！所以皇帝决定要杀掉你们。"侏儒们一听，都吓得面如土色，哇哇大哭起来。东方朔又说："都不要哭了，当务之急是想一些应对的办法。"能有什么办法呢？这些侏儒都直勾勾地盯着东方朔："大人一定要想办法救救我们！"

东方朔说："皇上就要从这里经过，你们何不叩头请罪，以求赦免呢？"不多时，皇帝果然前呼后拥地经过这里。侏儒们都跪在地上朝着皇上痛哭起来，皇上令手下人问这是何故，侏儒们回答："东方朔告诉我们，说皇上认为我们活在世上是无用之人，要将我们全部杀掉。"皇上一听，勃然大怒，心里想：这东方朔竟如此胆大包天，敢造我的谣。于是命人把东方朔找来。

一见到东方朔，皇帝便责问道："你为什么造朕的谣言，该当何罪？"东方朔终于见到了皇帝，他面无惧色地说："我活也要说，死也要说。侏儒身高三尺，俸禄是一袋粟，钱是二百四十；臣东方朔身长九尺多，俸禄也是一袋粟，钱也是二百四十。侏儒吃得饱饱的，而我却饿得要命。如果臣东方朔说的都是实理的话，请用厚礼待我；如不可采纳，请皇上准许我回家，以免白吃长安的米。"汉武帝听后哈哈大笑，弄明白了原来是这么回事，于是赦免了东方朔的死罪。不久，东方朔被任命为金马门待诏，得到了皇帝的重用。

由此可见，东方朔还真不是吃白饭的，他之所以能得到皇帝的重用，与他“揣情”能力不无关系。无独有偶，郦食其也是一位揣情达人，他“审量权”“审揣情”，只用一个句简单的“人都叫他‘狂生’”就拉近了他与刘邦之间的距离。

郦食其是秦末高阳人，好读书，家中贫苦，但胸中饱含天下的韬略。陈胜、项梁等起义之后，经过高阳的起义军有几十支，郦食其观察这些起义军的领袖都是龌龊之辈，喜欢烦琐的礼节，不能听从宏大的谋略，因此隐居不出。后来听说沛公刘邦的一支起义军到了附近的陈留郡，并且刘邦每到一处都探访当地的英雄豪杰；郦食其还了解到刘邦为人豁达大量，不拘小节，比较随便，有宏大志向，于是决心求见刘邦。

郦食其一位同乡在刘邦身边做骑士，正好回家来，郦食其便请他向刘邦转达自己的意思。郦食其知道刘邦不喜欢儒生，客人中有人戴儒冠，刘邦便拿来做便壶，在里边撒尿；刘邦的性情比较粗野，开口就骂人。所以郦食其对这位骑士说：“你见到沛公，就说我们乡里有一个郦先生，年纪六十多岁，身长八尺，人都叫他‘狂生’。这样沛公一定会接见我。”

刘邦年轻时狂放不羁，是个酒徒，常在酒店里赊钱喝酒，喝醉了就躺在酒店的地上。郦食其自称“狂生”，就会被刘邦引为同类的人，行为上的相似会导致心理上的相互接近。

这位骑士将郦食其所说的话转告了刘邦，刘邦果然立即召见了他。两人一见如故，郦食其便为他献出攻占陈留郡的策略，为刘邦后来争天下奠定了基础。

不管是在历史上，还是现实中，大凡与帝王将相，或是成功者走得很近的人，都深谙“揣情”之道，他们能够审时度势，能够把握别人的心理与情势的发展，能够权衡利弊得失，所以，他们能够得到领导的赏识与重用。

先事而至，拨云见日辨是非

【原文】

常有事于人，人莫能先，先事而生，此最难为。故曰揣情最难守司，言必时有谋虑。

【译文】

善于揣情的人，总是让人无法超越。他总是在事情发生之前，就已经预料到了，这种料事如神的境界是常人最难达到的。所以说，揣情最难掌控，游说时一定要时时谋虑，小心应对。

【延伸阅读】

“横看成岭侧成峰，远近高低各不同。不识庐山真面目，只缘身在此山中。”苏轼这首咏庐山的诗揭示了一个深刻的道理：处身其间的人，往往看不清事物的本质。

不善“揣情”的人，经常会被情感、欲望以及种种错综复杂的事件蒙蔽了双眼，以致不能明白一些最简单的道理。要想用语言打动别人，就常常需要帮助对方拨开眼前的迷雾，拓宽狭隘的视野。这就不仅需要一个如簧之舌，还要有透过现象抓住本质的锐利眼光。

揣情，就要抓住问题的要害，条分缕析、一针见血，这样说出来的话就能掷地有声、振聋发聩。

据《战国策》记载：周赧王十七年，秦国攻打魏国，当时在魏国做官的陈轸联合韩、赵、魏三国共同抗击秦国。但是韩、赵、魏三国的联军还不足以与秦军抗衡。于是陈轸又跑到东边的齐国，请求齐国的帮助。可是齐国却对秦国友好，经常与韩、赵、魏、燕三国为敌。为了达到联合抗秦的目的，陈轸面见齐王，劝说齐王改变原来的策略，帮助三晋抗击秦国。

陈轸说道："古时圣王兴兵讨伐，都是为了匡扶天下，建立功业，流芳后世。现在齐、楚、韩、赵、魏、燕六国互相激战，不但不能够建立功业，反而正好增强秦国，削弱自己，这不是六国的上策。

"能够灭亡六国的是强大的秦国。现在我们不忧虑强秦的威胁，却一味相互残杀，而使自己衰弱下去，最终只会被秦国吞并。如今六国替秦国宰割自己，秦国竟然不用出力；六国替秦国烹煮自己，秦国实际不用拿出柴火。为什么秦国这样聪明，而六国这样愚蠢啊！请大王明断。"

陈轸一开始就一针见血地指出，六国的共同敌人是强秦。而六国彼此之间互相交战是自相残杀，给秦国造成可乘之机，如此下去，最后都免不了被秦国灭亡的厄运。

接着，陈轸又说："古时五帝、三王、五霸的征伐是伐无道的人，如今秦国讨伐天下却不是这样，那将是亡国之君要死在侮辱之下，亡国之民要死在俘虏群中。现在韩、魏两国人民的眼泪还没擦干，齐国人民虽然没有这种遭遇，并不是因为秦国亲善齐国，疏远韩、魏，而是齐国离秦国太远，而韩、魏离秦国太近。现在齐国也快临近灾难了。"

最后，陈轸着重指出韩、魏失陷对齐国的危害。同时指出齐国不与由原来的晋国分裂出来的韩、赵、魏三个国家联合的后果。他说："三晋联合，秦国一定不敢攻打魏国，必然向南攻楚。这时三晋恨齐国不曾帮助自己，就可腾出手来，必定向东攻齐，这样齐国就大难临头了。”

听完陈轸的游说，齐王顿觉芒刺在背，不得不下令出兵会合三晋。

陈轸的攻心有理有据，精辟深刻，令人折服，终于使齐王明辨了是非，做出了正确的抉择。

明朝人林都宪经朝廷考试中选，巡抚广东。当地有一座寺庙，每年都宣称有一个僧人得道，定期择日举行火化仪式，叫荼毗大会。会场堆叠干柴，将得道僧人置于柴上，点火焚烧。方圆数百里的善男善女都来围观礼拜，富商大户则施舍财物不计其数。

林道宪知道这事之后，心生疑团，怀疑其中有诈，就告诉僧人们说：“下次火化时要先通报，我希望亲自去拈香。”到荼毗大会那天，他前往会场，看到干柴顶上有个僧人，下面有人正准备点火。他突然制止说：“这些柴火不好，应当更换。”

于是叫人放下柴顶上的僧人，加以盘问，但僧人只瞪着双眼，说不出话。林都宪知道他中了迷药，下令带回衙门，用水浇醒他。那人过了一天一夜，才能开口说话：“我不是和尚，只是乞丐。我来到那个寺庙，和尚们把我留下。供我饮食，让我剃度出家，到今年某月某日，他们就灌我喝浓酒，使我说不出话来，神情也恍恍惚惚，好像做梦一样，如今幸好死里逃生，否则早就烧成灰烬了。”

林都宪早就秘密派人包围寺庙，捉拿众僧，谁也没逃掉。这些僧人听了乞丐的话，都俯首认罪。人们这才知道往年火化的都是乞丐，于是将众僧处斩，将寺庙烧掉。

林都宪因提防而生疑，进而设下巧计，破除了“僧人得道”的诡计。西方有所谓“怀疑论”，怀疑是“澄明”的前提，只有从怀疑出发，才能进入推断，并最终明辨是非。

善于文饰，良言一句三冬暖

【原文】

故观蜎飞蠕动，无不有利害，可以生事。美生事者，几之势也。此揣情饰言成文章，而后论之。

【译文】

在自然界，即使是昆虫的飞行与蠕动，无不有利害关系，甚至引发事变。事变源于微末，但势成之后就不可控制。因此揣情者一定要修饰言词，以形成文章，用来和对方讨论。

【延伸阅读】

这里，鬼谷子用了“蜎飞蠕动，无不有利害”这个比喻，可以说用得巧，用得妙。在游说或辩论时，鬼谷子特别强调“包装”的作用，话说得漂亮，说得巧妙，效果自然比直来直去、不经掩饰要好。给炮弹包上一层糖纸，枪尖涂上一层甜油，给人的感觉就圆润了许多，便不会充满使人不爽的“杀气”，同样一句话，当你换用不同的方式表达时，效果一定会有强烈的反差。

如果说话时喜欢装模作样、骄纵蛮横，甚至心里怎么想就肆无忌惮地吐露出来，别人一定认为你自命不凡、优越感太强，乃至觉得你这个人缺心眼。如果话中带刺，具有强烈的攻击性，那么你一定会招致别人的厌恶，本可以办成的事办不成，本可以搞好的关系，也会由此搞僵。这个道理人们都知道，但生活中仍有不少人犯这类低级错误，因为喜怒形于色，导致身败名裂。

齐桓公一心想称霸于诸侯，他懂得“得士者强，失士者亡”的道理，积极地招贤纳士。

齐桓公是春秋时期的第一个霸主，也是一位精明的国君。为了能得到天下贤士的赞助，他朝思暮想，费尽心机。

在一个星光灿烂的夜晚，齐桓公又是夜不能寐，他索性起身到庭院中散步。蓝幽幽的天幕上，挂着一轮洁白如玉的明月，四周繁星灼灼闪光，这一情景勾起齐桓公思贤的心绪。他感慨叹息道：“群星闪烁，如众多的贤士，何日为我所得？”

这时，一队武士举着火把巡逻，犹如一条火龙在夜幕中游动。火光，叩开了他的心扉……“对！就这么办！”齐桓公兴奋地大喊一声，侍从大吃一惊，不知发生了什么事情。

第二天上朝，齐桓公向百官宣布了自己想出来的招纳贤士的好办法。他命令在宫廷前燃烧起巨大明亮的火炬，表示准备日夜接见各地前来投奔的贤能之士。

事与愿违，整整过了一年的时间，没有一个人来求见。齐桓公很苦恼。

有一天乡下人想出了一个好主意，他大摇大摆地来到王宫前，自称是贤人求见。

齐桓公不敢怠慢，立即传令接见。他看来者是个衣冠不整、黄瘦干瘪的乡巴佬，但是仍然恭敬地问道：“先生有何见教？”

乡下人拍拍自己的胸脯，故意挑起大拇指说：“我会念‘小九九’算术口诀！”

齐桓公觉得又好气又好笑，戏谑地问道：“先生难道不知道会

‘小九九’口诀，乃是末流小技，也配称为贤才来见国君吗？”

乡下人一本正经、严肃地说：“大王，您的过错就在这里！”随即侃侃而谈：“我听说宫前求贤的火炬点燃了一年，没有人登门求见，这是因为大王是贤能的君主，各地贤能之士都觉得自己不如您高明，所以都不敢来。我会‘小九九’，这是微不足道的。对我这个只会念‘小九九’的人，大王如能以礼待我，还愁有真本领的人不来吗？高耸巍峨的泰山是由颗颗砾石组成，江海浩瀚是因为聚集了涓水细流。《诗经》上写道：‘英明的国君有事能请教农夫，这样才能集思广益，治国有方！’”

乡下人的一席良言，说得齐桓公连连点头称是。他立即以隆重的礼节接待了这个乡下人，并给他优厚的待遇。这件事很快就传开了，不出一个月，四方贤士络绎不绝，纷至沓来。

这个故事，讲的是“求贤”的两种方法：齐桓公注重形式，虽然搞得热闹红火，却失败了；而乡下人注重的是“心诚”，虽然看起来简单平淡，却取得了成功。两种不同的方法，得到的效果截然相反，其中的奥秘就在一个“诚”字。古人云：诚召天下士。身为领导者，应从这个故事里得到有益的启迪。

在如今的职场，“包装”也是一项重要的能力，尤其是语言包装。从这个意义上说，鬼谷子所说的“揣情饰言成文章”的确是一种硬功夫！真本事！

第七章
摩篇：见于未萌，规律行事

这里的“摩”，是反复思考、推敲的意思。在本章中，鬼谷子阐述了“摩”的方法，即如何通过观察对方的外部表现，从而准确地判断，把握其内心的思想、感情、动机。他同时指出，要正确地揣摩，必须讲究一些方法和技巧，同时要做到隐秘、不露声色。如果自己的揣摩比较准确，在沟通交流时出的主意符合对方的动机和意志，那么在实际运用中，就没有什么事办不成。

深藏不露，成其事而隐其道

【原文】

摩者，揣之术也。内符者，揣之主也。用之有道，其道必隐。微摩之，以其所欲，测而探之，内符必应。其所应也，必有为之。故微而去之，是谓塞窌、匿端、隐貌、逃情，而人不知，故能成其事而无患。摩之在此，符应在彼，从而用之，事无不可。

【译文】

所谓“摩”，是“揣情”的一种方法。“内符”是“揣”的对象。进行“揣情”时需要掌握“揣”的规律，而进行测探，其内情就会通过外符反映出来。内心的感情要表现于外，就必然要做出一些行动。这就是“摩意”的作用。在达到了这个目的之后，要在适当的时候离开对方，把动机隐藏起来，消除痕迹，伪装外表，回避实情，使人无法知道是谁办成的这件事。因此，达到了目的，办成了事，却不留祸患。“摩”对方是在这个时候，而对方表现自己是在那个时候。只要我们有办法让对方顺应我们的安排行事，就没有什么事情不可办成的。

【延伸阅读】

这里所说的“摩”，即指通过言语刺激等方式，让对方显露出他的真情，或是说出他想说的话。当然，在这个过程中，本人要深藏不露，不能暴露说话的意图。

冯梦龙在《智囊》中记载了这样的故事：

堂溪公向韩昭侯说："假设这里有一个值千金的玉制酒杯，这酒杯是无底的，能不能把水放进去？"

"当然不行。"

"如果是不漏水的瓦器，能不能把酒倒进去？"

"当然可以。"

堂溪公正色说道："瓦器是很不值钱的东西，只要不漏，便可倒酒进去。值千金的玉制酒杯，贵则贵矣，如果无底，怎能注入饮料呢？位高如君主，若泄露了和臣子有关的话，就像无底的玉制酒杯，在这种情况下，纵然是个圣明、有才智的人，也无法大展才华。因为君主把一切都泄漏了、搞砸了。"

"说得对！"昭侯说。

从此之后，昭侯每当决定了什么重要事情，总是独自就寝，以防万一说梦话，把某些计谋泄露出去。

堂溪公的比喻，说明了韩非子的一个基本观点，即君主所执的"术"必须是秘密的，只能由自己独自了解和执掌，不能让臣下窥知。韩非子的这一思想出自老子学派。

老子学说崇尚"道"。"道"是什么呢？老子说，"道"是一种浑然一体不可分割的东西，它形成于天地之前，寂静而空虚，独立自存永不改变。它是万物之根本、宇宙之本体。

韩非子把老子这一学说运用于他的政治学说中，发展成为一种"君王驾驭之术"。韩非子认为，既然"道"是万物的本源及发展的规律，那么，作为君主，就必须遵循道的准则，他指出："道，是万物的本源，是是非的准则。因此，英明的君主把握住这个本源，就可以知道成败的根源了。”

如此，既然“道”是独一无二的，君主自然应当独掌大权，使权力集中在自己手中；既然“道”是虚静寂寥的，所以君主也自然应当深藏不露，保守“术”的秘密，不能让别人轻易窥知。

作为领导者，最忌讳的就是被别人一眼看出自己的心事。所以，有城府的人都善于伪装自己，掩饰自己的情感，而没有城府的人，会将自己的喜怒哀乐直接写在脸上。所以，鬼谷子认为，深藏不露对一个领导者来说非常重要。身为领导者，如果不能保守秘密，不善于掩饰自己的情感，心中有什么想法，是很容易被人看出来的。

公孙衍曾在梁王手下做官，是战国时期很有名气的人物。秦王看他是个人才，便想把它挖过来。但公孙衍却推辞说：“我为梁国做事，从来没有想过要离开梁国。”

过了一年，有一次公孙衍得罪了梁王，只好逃到秦国。秦王趁机礼遇他。秦将樗里疾生怕公孙衍夺去自己的官位，于是在秦王的密室墙壁上凿了几个小孔，以便偷听有关的情报。果然，不久秦王就在密室跟公孙衍交谈说：

“我想讨伐韩国，你觉得如何呢？”

“到秋季再动手吧！”

“我打算把国家大事交托给你，可别走漏了这消息啊！”

公孙衍徐徐退后，恭敬行礼：“臣遵旨。”

樗里疾偷听到这些话，认为机会难得，逢人便说。近臣们一碰头就谈论这回事：“国王说，秋天举兵伐韩，到时要派公孙衍做将军……”

当天，全部近臣都知道了这个消息；当月之间，全国的人民都知道了这个消息。秦王就传唤樗里疾，问道：

“到处都在谈那件秘密，这是怎么一回事？秘密是怎么泄露出去的？”

“好像是从公孙衍嘴里说出来的。”

“我和公孙衍从没谈过这事。你为什么一下子就猜测是他？”

“公孙衍是外地人，刚在梁国获罪，心里难免不安，这才造出那种谣言，借此推销自己啊！”

“这倒有可能。”

秦王派人传见公孙衍，公孙衍感觉有些不妙，便起身逃到他国。

秦王由于一时不小心，泄露了秘密，结果让怀着私欲的臣下钻了空子，自己失去了一位贤臣良将。

从中可以看出，即使对一个帝王来说，隐藏自己都不是一件简单的事情。作为普通人，在心理博弈中，要做到深藏不露——关键时刻，让自己在暗处，让别人在明处，以化不利为有利，实属不易。如果想达到鬼谷子所说的“用之有道，其道必隐”那种境界，而需要更大的智慧与定力。

不战而胜，利用好对手弱点

【原文】

古之善摩者，如操钩而临深渊，饵而投之，必得鱼焉。故曰主事日成而人不知，主兵日胜而人不畏也。

【译文】

古代善于“摩”的人，就好像拿着钓鱼竿在深渊旁钓鱼一样，把饵料投放下去，就一定能钓到鱼。所以说，这种人掌管政事时，事情一天天办成功，却无人知晓；指挥军事时，战无不胜，麾下士兵相信统帅的谋略，无所畏惧。

【延伸阅读】

世上没有十全十美的人，每个人都有自己的弱点，每面城墙都有裂缝。一个人只要有弱点，就容易被别人利用，甚至很多时候，一个人的爱好，也能变成弱点。一旦一个人的爱好被别人掌控，那么他随时都会被别人牵制。就像是鬼谷子说的那样，善于垂钓的人，只要把“饵料”投下去，就一定能钓到鱼，因为他早已摸清了鱼的习性。

在现实生活中，人都不情愿改变自己的观点和见解，除非万不得已。要想使人改变观点见解，虽然可以采取说服的办法、事实证明等方法，但是，不管使用哪一种方法，都一定要利用好人的弱点，或是某种天性。

据史料记载，明代大学者王阳明十二岁的时候，继母经常虐待他，父亲在京做官，无法关照他。王阳明明知躲不过继母的虐待，就想了个办法。

王阳明的继母是个虔诚的佛教徒。为此，他夜间偷偷起来，在继母寝室门口摆上五个托盘。继母清晨起来，发现门口五个托盘，心中十分害怕，以后多日如此，继母更加疑惧，但恶性依然不改。

王阳明又在外面野地里结识一个打鸟的专家，得到一只异形怪状的鸟，偷偷地放到继母的被子里。继母整理被子，突然发现一只怪鸟从被子里飞出来，十分恐惧，便唤巫婆来问。

王阳明早就用金子贿赂了巫婆，让她假称天意，恐吓继母。巫婆对继母说："王状元的前妻正在责怪你虐待她的儿子。这事已经告到天帝那里了，天帝正派遣阴司的兵收拢你的魂魄。被子里的那只鸟就是啊！"巫婆还装着神灵附体，瞑目如醉，口中念念有词。

继母听到这些，大声痛哭，连称不敢虐待儿子了，王阳明也哭泣着拜求巫婆。巫婆故意连作愤恨之声，然后突然苏醒。从此，继母的恶性大改，再也不虐待王阳明了。

在这个故事中，继母的弱点就是胆小、迷信，王阳明正是抓住了她的这一弱点，上演了一出闹剧，从而治服了她。

再来看一个故事。

据说，古代京城有一个官人的妻子性好嫉妒，对丈夫很不放心。丈夫在家时，她用一根长绳系在丈夫脚上，另一头掌握在自己手里，一要呼唤丈夫，就牵一下绳。为制服忌妒的妻子，这个官人和一个巫婆想出一个计谋。

夜里，趁妻子睡熟，官人将绳子解开，系到一只羊的腿上，然后，他沿着墙偷偷地溜走了。妻子一觉醒来，立刻拉绳，结果一只羊跑到她面前，她十分惊讶，请来巫婆询问。巫婆说:“先人怪你作恶太多，对丈夫不好，所以，让你丈夫变成了羊。你若能悔改，我可以为你向神灵祈祷。”妻子抱着羊痛哭失声，痛悔自己过去的错误，发誓一定改过。巫婆便令妻子吃斋七天，全家大小都到佛像前祈祷。

七天之后，这个官人慢慢地回到家里。一进门，妻子就哭泣着问:“你做了这么多天的羊，不辛苦吗？”官人说:“我还记得吃的青草不那么鲜美，至今肚子还有些疼。”妻子更加悲哀。后来，妻子又旧病复发，丈夫立即伏地学羊叫，妻子大惊，挽起丈夫，表示再也不敢了。

同样一件事情，有多种多样的解决方法。有的方法能够成功，有的方法却注定失败。很多时候，即使多种方法都能够获得成功，其中也总有最便捷的一个。比如，同力量强大、气势旺盛的敌人进行战斗，用小股力量硬碰，决不会取胜。只有避其锋芒，找到影响战争全局的关键，抓住敌人的弱点，从根本上灭杀敌人的锐气，才能战而胜之。

韬光养晦，事谋于阴成于阳

【原文】

圣人谋之于阴，故曰神；成之于阳，故曰明。所谓主事日成者，积德也，而民安之不知其所以利；积善也，民道之不知其所以然，而天下比之神明也。主兵日胜者，常战于不争不费，而民不知所以服，不知所以畏，而天下比之神明。

【译文】

圣人谋划事情总是在暗地里进行，人们不知其就里，故称之为“神”；而他所取得的成功都显现于众人眼前，所以人们称之为“明”。圣人“主事日成”，一是由于他暗中施德泽于民，使老百姓安居乐业，老百姓尚不知是如何得到这些好处的；二是由于他暗中积累善行，老百姓只知说好，却不知道为什么会这样。天下人都把这样的人比之为神明。圣人“主兵日胜”，是由于他不热衷于争城夺池，战争的消耗很小，老百姓不知道敌国为何拜服，也不知道战争有什么可怕。天下人也都把这样的人比之为神明。

【延伸阅读】

鬼谷子所说的“圣人谋之于阴”，说的是圣人言行谨慎，做事不张扬，只有如此，才能“主事日成”“主兵日胜”。

鬼谷子的这个观点，与“扮猪吃虎”的谋略有点像。两者都强调：在强劲的敌手面前，采取韬晦之术，尽量收敛自己的锋芒，积蓄力量，静待时机。

商朝时，纣王因为通宵饮酒，弄不清几月几日，问左右的人都说不知道。

纣王又问箕子，箕子对自己弟子悄悄说：“做天下之主而使一国都没有时间的概念，天下就危险了。一国人都不知时日，只有我知道，我也就危险了。”

于是箕子借酒醉为由推说不知道今天的时日。

如果说箕子“扮猪”是为了不被“虎”吃掉的话，那么明成祖朱棣“扮猪”是为了“吃虎”。

明成祖朱棣精明干练，是太祖朱元璋的第四子，朱元璋在世时，被封为燕王，镇守北平。朱元璋死后，由于长子早死，便立长孙朱允炆为帝，即惠帝。

惠帝知道朱棣对没有当上皇帝心怀不满，暗中派人监视朱棣的举动，不久，朱棣的护卫官倪谅到南京向惠帝告密，说朱棣的手下于谅和周锋等人谋反。惠帝下令将两人抓到南京斩首，并下诏书责怪朱棣。

朱棣知道这事后开始装疯，经常在闹市中大叫奔跑，抢别人的酒食，口中胡言乱语，有时睡在地上整天不醒。监视他的人去看他，他在大热天围着火炉发抖说：“冷极了！”他在宫廷中还口中含枚到处游逛，见到他的人都信以为真。

长史葛诚是惠帝的心腹，他向监视朱棣的张昺、谢贵告密说：“燕王根本没有病，你们千万别懈怠。”当朱棣派人去朝廷办事时，兵部尚书齐泰逮捕了使者。使者供出了朱棣准备发动政变的消息。

齐泰马上下令逮捕朱棣手下的官员，让谢贵等人伺机杀掉朱棣，要葛诚等人作为内应，并密令一直受朱棣信任的张信将朱棣活捉。

张信得到命令后，再三犹豫，最后决定挽救朱棣，于是去他的住所讲明真情。开始时，朱棣假装中风，不能说话，后来知道事情真相，才觉得非同小可，立刻向张信下拜说："是您救了我一家人啊！"

朱棣立即着手准备起兵，这时，削夺朱棣爵位、逮捕官员的命令传到，谢贵、张昺派兵包围了燕王府，准备进宅抓人。

第二天，朱棣宣布病愈，让官员们前来朝贺，他设下伏兵，派人去请谢贵、张昺来抓人。等到所有人都到齐了，朱棣以掷瓜为信号，伏兵冲出来逮捕了谢贵、张昺等人，朱棣站起来说："我哪里有病，全是你们这帮奸臣逼出来的！"他下令将谢贵等人斩首。

接着，朱棣举兵攻占了北平城，安抚军民，并上书以征讨齐泰等人为名，直奔南京讨伐惠帝。惠帝下落不明，朱棣登上王位，成了明成祖。

朱棣不愧是一个出色的演员，他成功地扮演了"猪"，最后终于把"虎"吃掉了。可见不露才华、隐匿自己，才能为日后的大业积攒后劲。

在古代，人们非常注重韬光养晦之术。即使在今天，一个人锋芒太露，也非常容易招致他人的嫉恨，并最终为自己带来祸患。孔子谆谆告诫要"温、良、恭、俭、让"，实际上也就有深藏不露的意思在内。《周易》说："君子藏器于身，待时而动。"无此器最难，而有此器，却不思待时，则锋芒对于人，只有害处，不会有益处。为人处事低调一些，没有什么祸患能主动找到身上来的。如果处事太过张扬，那就会引火烧身。

动之以情，来一波情感攻势

【原文】

其摩者，有以平，有以正，有以喜，有以怒，有以名，有以行，有以廉，有以信，有以利，有以卑。平者，静也；正者，宜也；喜者，悦也；怒者，动也；名者，发也；行者，成也；廉者，洁也；信者，期也；利者，求也；卑者，謟也。故圣人所独用者，众人皆有之，然无成功者，其用之非也。

【译文】

“摩”有很多种形式，有的靠平和，有的靠正义，有的靠取悦，有的靠愤怒，有的靠声望，有的靠行为，有的靠廉洁，有的靠信义，有的靠利益，有的靠谦卑。运用不同的形式，有不同的目的：靠平和是使其冷静思考；靠正义是晓之以理；靠取悦是为了麻痹对方；靠愤怒是为了震动对方；靠名望是为了威吓对方；靠行为推动是为了成功；靠廉洁是为了清白；靠信义是为了使对方明智；靠利益是为了诱惑对方；靠谦卑是为了满足对方虚荣心。总的来说，圣人所施用的“摩”术，平常人都可以使用，然而没有运用成功的，是因为他们运用不当。

【延伸阅读】

不管是竞争，还是心理博弈，要想占得先机，胜对方于无形，必须要善于“摩”。鬼谷子认为，“摩”的手段多种多样，每一种都能达到特定的目的。总的来说，不管是哪种“摩”，都是一种情感攻势。比如，“动之以情”“晓之以理”就是高手常用的一种“摩”。

燕国攻打齐国，夺取七十多座城邑，只有莒地和即墨没有被攻下。后来齐将田单以即墨为据点击破燕军，杀死了燕将骑劫，并乘胜收复了齐国的大部分领土。当齐军攻打聊城时，却遇到了强而有力的抵抗。聊城的燕将据城死守，齐军打了一年多，兵士死伤大半，可是聊城还是攻不下。原来，聊城的燕将听说有人在燕王面前进谗言，害怕回去会被杀头，所以死守聊城。

于是田单的谋士鲁连马上写了一封信，系在箭上，射进城中，送给守城的燕将。信中开头写道：“我听说，聪明的人不因错过时机就舍弃利益，勇敢的人不因怕死就毁坏名誉，忠实的臣子不应先考虑自己再想到君王。现在您为发泄一时的激愤，毫不顾燕王将失去许多兵将，这不是尽忠；毁灭自己又将失去聊城，并且威势也无法伸延到齐国，这不是勇敢；前功尽弃，名声扫地，后世没有人赞誉，这不是聪明。聪明人做事不会三心二意，勇敢的人不会怕死。如今生与死、荣与辱、尊与卑、贵与贱，都在这一刻决定，希望您仔细考虑。”

这封信的开头，并没有指责燕将占领齐国的土地赖着不走是不仁不义的无理行为，而是采用激将法，指出因为害怕谣言不敢回燕国是一种贪生怕死的懦夫行为，是对燕王的不忠，而且这么做也是非常不聪明的。

接着，鲁连结合当时的天下大势，向燕将指出：“燕国得不到天下诸侯的帮助，只能单独面对一心想报仇雪耻的齐国，内部又很混乱，国家已经陷入危险之境。如今燕王正心灰意冷，孤立无援，大臣不能依靠，国家破败，祸患增多，民心无所归附。如今您又靠困苦的聊城人民，抵抗强大的齐国军队，连续一年都不能停战，现在城里吃人肉烧人骨，兵士虽没有反叛之心，却已经丧失斗志。

“因此我为您出个主意，不如退军收兵，保全战车军队，回到燕王身边，燕王必然高兴。人民见到您，如见父母一样，相互庆贺，把着手臂谈论您，您的功绩在世上会更加显赫了。对上可以辅佐孤立的君王，控制群臣；对下可以保护百姓，使他们安居乐业。然后改良国政，变革风俗，您的功名在天下就可以树立起来了。”

在信的最后，鲁连进一步指明：“即使投靠齐国也比苦战至死强得多。”接着又反复向燕将说明放弃聊城并不是贪生怕死的行为，而是为了建功立业，不得不忍受一时的耻辱。在举过管仲、曹沫两个例子后，鲁连继续说：“像管仲和曹沫这两个人，不是不能守住小节，或为小耻而死，而是认为自己如果离开人世，功名就不可能重新树立，这是不聪明的行为。因此能抛掉愤恨的心情，造就永世的美誉；除去让人羞愧的耻辱，建立万世之功劳。这样功业才可以和三王争短长，声名才可以和天地共生死。请您还是考虑一下我的意见！”

鲁连在给燕将的这封信中，运用滔滔的雄辩之词，动之以情，晓之以理，既批驳了燕将固守聊城、造成民不聊生的错误行为，又为他指明了一条可供选择的光明之路。在具体的言谈方式上，即使用强而有力的言辞，刺激对方；又设身处地站在燕将的立场上，体谅他的苦衷，同时，又运用类比的说服方法论证燕将行为的不合常理。结果，燕将接受了信中所阐明的正确观点。

随后，燕将命令燕军倒背起装弓的套子，退步撤出聊城。因此可以说，齐军夺回聊城，使百姓免遭战乱之苦，全凭鲁连一番雄辩的言辞。真可谓一言扭转乾坤。

在洞察人性的基础上，用诉诸情感的方式去打动人，使之顺从自己的意愿。不只是在古代，即使在今天，也是现代交际中常用的一个攻心法则。

周到缜密，诸葛一生唯谨慎

【原文】

故谋莫难于周密，说莫难于悉听，事莫难于必成。此三者，唯圣人然后能任之。故谋必欲周密，必择其所与通者说也，故曰或结而无隙也。夫事成必合于数，故曰道数与时相偶者也。说者听必合于情，故曰情合者听。

【译文】

所以说，设计谋略，最难的就是周到缜密；游说君主，最难的就是使其言听计从；主持事务，最难的就是确保成功。这三个问题只有圣人才能解决。所以设计谋略要想周到缜密，一定要选择与自己情意相通的人共谋，所以说相互结合，无懈可击。凡办事要想取得成功，必须有适当的方法，所以说方略、方法与天时互相依附。游说的人要想人家对自己言听计从，必须使说辞合乎情理，所以说合情合理才有人听。

【延伸阅读】

俗话说“智者千虑，必有一失”，如何使自己在谋划事情的时候，尽力做到无懈可击，是需要好好考虑的问题。无懈可击其实是极难的，所以鬼谷子认为，“唯圣人然后能任”。

宋太宗在位的时候，李继迁来骚扰西部边疆。保安军向皇上报告说，捉到了李继迁的母亲。宋太宗要杀掉李继迁的母亲，因此，单独召见担任枢密官的寇准，商量处置办法。商量完寇准退出，走到宰相府门口时，吕端问寇准："能向我透点消息吗？"寇准道："可以。"吕端说："准备怎么处理呢？"寇准说："打算在保安军北门外斩首，以此警告那些反叛之辈。"吕端说："这可不是一个好办法。"

说完，他马上启奏宋太宗说："过去项羽打算油烹刘邦的父亲，刘邦告诉项羽：'如果油炸了我的父亲，希望把他的肉汤分一杯给我喝。'一般说来，成就大事业的人是不会顾恋亲人的。更何况李继迁这个不讲仁义的反叛之徒呢！陛下您今天把他母亲杀了，明天就能捉到李继迁吗？如果捉不到，白白结下怨仇，只能越来越坚定他反叛的决心。"太宗问："既然这样，那怎么办好呢？"吕端说："以我的愚见，应该把他的母亲流放到西部边疆的延州，好好地对待她，这样可以诱降李继迁。即使他不能马上投降，也可以拴住他的心啊！而他母亲的生死大权却时时握在我们的手里！"太宗听后，拍着腿叫好，说道："若不是你，几乎误了我的大事！"

后来，李继迁的母亲在延州逝世，不久李继迁也死了，他的儿子投降了朝廷。

有个叫王云凤的人，出任陕西提学。台长汪公对他说："你初到任上，整顿风纪，一定要干分内的事，千万不要毁坏寺庙，禁绝僧道。"王云凤说："这正是我分内的事，您怎么这样说？"汪公说："凡事应该看得真确再去做。还没有看清楚，一时为了赢得一个虚名就去做，等日后老婆孩子得了病，不得不到寺庙烧香拜神，那时，就要被四面八方的人耻笑了！"王云凤拜服。

冯益是皇帝的医生，也是一名有权势的官吏，大臣们都很恨他。一天，山东泗州的知州启奏皇上说："外面传闻冯益派人收买飞鸽，还做了许多非法的事。”大臣张浚奏请皇上，杀了冯益。赵鼎却表示反对，他说：“冯益的事暧昧不清，但似乎有关国家威望，不是一件小事。如果朝廷不惩罚他，那么，人们会以为他干的那些坏事都是皇上派遣的，这有损皇上的威望，但事情不太清楚，处以死刑，又太重了。不如暂时解除他的职务，流放外地，解除他人的迷惑。”

皇上表示同意，把冯益流放到了浙东。张浚很生气，以为赵鼎和自己过不去。赵鼎解释道：“自古以来，要排除小人，小人们急了会抱团聚堆，一致对外，祸害反而更大；慢了，他们就自相排挤，彼此争斗。冯益的罪过，就是把他杀了也不足以告慰天下。但这样做，那些宦官们必然害怕皇上杀顺了手，挨到自己头上。肯定争相为之辩驳，减轻罪过。不如使之遭贬，流放外地。这样，他们见罪过不重，就不会全力营救，这就是说，冯益再也休想返还！反过来，如果我们处死冯益，这些人视吾辈为寇仇，其勾结越加密切，很难打破啊！”

听了这些，张浚叹服不已。

思考问题周到缜密，并非犹豫之举，也不是畏前怕后。它是智者在做决策时的一种习惯，是处以进退之间而欲进取不败的重要手段。即使是绝世聪明、料事如神的诸葛亮，在做决策时也非常小心谨慎，故有“诸葛一生唯谨慎”之说。看问题不全面，思考不周到，就容易鲁莽行事，这样的人容易遭遇挫折、失败。

体察人性，摩之以欲是关键

【原文】

故物归类：抱薪趋火，燥者先燃；平地注水，湿者先濡。此物类相应，于势譬犹是也。此言内符之应外摩也如是。故曰摩之以其类焉，有不相应者，乃摩之以其欲，焉有不听者？故曰独行之道。夫几者不晚，成而不拘，久而化成。

【译文】

世上万事万物都有各自的规律，例如：抱着柴薪向烈火走去，总是干燥部分先燃烧起来；往平地倒水，总是潮湿的地方先湿透。这些都是与物性相适应的，以此类推，其他事物也是如此。这就是"内符"与"外摩"相呼应的道理。所以说："按着事物的特性来施行'摩'术，岂有不响应之理？"依据其人的欲望来施行"摩"术，岂有不听之理？圣人深谙其中奥妙，所以说："这是圣贤独行之道，只有他们才能施用'摩'术并确保成功。"凡做事有法度者，都会把握好时机，有成绩也不居功，并且持之以恒，最后一定会成功。

【延伸阅读】

如何才能让你说的话、做的事更深入人心呢？在向他人施展"摩"术时，如何确保成功呢？方法多种多样，但归根结底一句话，就是鬼谷子所说的“摩之以其欲”。何为“摩之以其欲”？简单来说，就是要利用好人性。古代的一些军事将领、政治家、战略家都深谙此道。

三国时期，有一次，曹操带兵攻打张绣，正好赶上了一个大热天，烈日炎炎，士兵们口渴难耐，所以，军队前进的速度非常缓慢。曹操怕贻误战机，急得坐立不安。于是，他找来向导，悄悄问他：“这个地方哪里有水源？”向导摇了摇头，说：“泉水在山谷的那一边，要绕道过去还有很远的路程。”曹操想了一下说：“不行，时间来不及。”他看了看前边的树林，脑筋一转，办法来了，他一夹马肚子，快速赶到队伍前面，用马鞭指着前方说：“士兵们，我知道前面有一大片梅林，那里的梅子又大又好吃，我们快点赶路，绕过这个山丘就到梅林了！”士兵们一听，仿佛已经将梅子吃到嘴里，精神大振，行军速度一下子快了许多。

在遇到困难时，人类意志力和信念的强弱往往能起到决定性的作用。在旁人陷入困境时，帮助他树立信心，重建希望，往往比提供实质性的帮助更为重要。曹操用“酸梅林”鼓舞士兵的士气，成功走出绝境，正是缘于他对人性有着深刻的体察。

在古代的战争中，一个优秀的将帅除了要熟悉天文、地理、阵法外，还必须洞察人的心理，善打心理战。李牧是赵国北部边境上的良将，他曾在雁门任太守，防范匈奴。他因地制宜地设置官吏，从集市上收得的税收都交给将军府署，作为部队的经费。每天杀牛来犒劳士兵，让部队练习骑马射箭，对报警的烽火台也管理得十分有序，还派了许多密探去探听匈奴的情况。李牧做出规定说：“匈奴要是进犯，我们马上收兵进入城堡，有谁敢不听军令去抓敌人的，就处斩。”

像这样过了几年，匈奴认为李牧胆小怯懦，连赵国守边疆的部队也认为自己的将军胆小怯懦。赵王责备李牧，李牧依然如故，赵王生气了，把李牧召回，派别人来代替他带兵，一年多之后，匈奴两次来侵犯边境，新来的将领领兵出战，但屡次失利，损失了很多士兵、百姓和牛羊，边境上的百姓不能种田和放牧。

赵王又请李牧出来守边。李牧在家里关起门来不外出，坚决推辞说自己有病，不能担任这一职务。赵王强迫他出来带兵。李牧说："您要是一定要起用我的话，我得采取同先前一样的办法，这样我才敢奉命。"赵王答应了他的要求。

李牧又按照过去的规定办事，整整一年匈奴一无所获，然而终究还是认为李牧胆子小。边境上的将士由于每天得到李牧的赏赐，却一直没有机会为他出力，心里都感到着急，都愿意与匈奴决一死战。于是李牧就选出了战车一千三百辆，选出了战马一万三千匹，能破敌擒将的战士五万人，善射箭的士兵十万人，指挥他们全部投入作战演习。李牧让百姓把牲口都放到城堡之外去放牧，满野都是百姓和牛羊。匈奴有小股敌人入侵，李牧的军队假装被打败，让匈奴士兵抢掠了不少百姓和牛羊。匈奴单于听说此消息，带领大队人马来侵犯边境。李牧多次布下了奇特的战阵，张开左右两翼的军队来攻打敌人，大败匈奴人，杀死杀伤了十几万匈奴骑兵，单于逃跑了。在这以后，有十几年光景，匈奴不敢靠近赵国的边境。

李牧采用麻痹敌人的手法，与近代游击战中的"敌进我退、敌疲我打"有着异曲同工之妙，在他的操练之下，赵国不仅一战而胜，并且将威风保持了十几年。因为，他战败的是敌人的心。

第八章
权篇：巧言设谋，以长制短

“权”者，有度量权衡之意，这是游说活动的根本方法之一。号称“纵横之祖”的鬼谷子，对于“权”术有着独到的见解。在本篇中，他全面阐释了“权”术的原则和方法。鬼谷子认为，对游说对象的度量乃是游说之本。通过对方的言谈，可权衡出对方的智能、品性和欲望，找出其弱点作为游说的突破口，以实现自己的游说意图。要做到这一点并不容易，游说者不但要耳聪目明、智慧超人，还要拥有杰出的语言表达力。

粉言饰词，字斟句酌巧游说

【原文】

说者，说之也；说之者，资之也。饰言者，假之也；假之者，益损也；应对者，利辞也，利辞者，轻论也；成义者，明之也，明之者，符验也。言或反覆，欲相却也。难言者，却论也，却论者，钓几也。

【译文】

所谓“游说”就是对人进行劝说。对人进行游说的目的，就是说服人。游说者要会粉饰言词，用花言巧语来说服他人。借用花言巧语说服别人，要会随机应变，有所斟酌。回答他人的问话，要会用外交辞令。所谓机变的外交辞令是一种机巧的言辞。具有正义与真理价值的言论，必须要阐明真伪；而阐明真伪，就是要验证是否正确。言谈时双方可能意见不合，就需要反复辩难，意欲使对方让步。责难对方的言辞，是反对对方的论调，持这种论调，是为了诱出对方心中的机密。

【延伸阅读】

鬼谷子在这里列举了多种说话的语气，如佞言、谀言、平言、戚言、静言。在鬼谷子看来。这与苏洵在《谏论》中讲到的“说之术，可为谏法者有五：理喻之、势禁之、利诱之、激怒之、隐讽之……”有异曲同工之妙。

我们都知道，苏秦是历史上有名的游说家，他通过一张巧嘴说服张仪入秦后，随后又受赵王之托出使韩、魏、齐、楚等国，游说这些国家的国君纵向联合起来，共同抵抗强大的秦国，形成纵横制约的格局，以保持国际形势的平衡和稳定。

苏秦首先来到韩国劝说韩王。

韩王见他是赵王派来的使者，已不同于一般的游说之士，自然不好怠慢，便立即安排接见。

苏秦对韩王说：

“韩国的地理位置非常优越，北有巩、洛、成皋，西有宜阳、常阪，东有宛、穰、洧水，南有陉山，山川险要，幅员辽阔。韩国的士兵有数十万之多，天下的强弓劲弩大多出自韩国，一些著名的弓弩射程在六百步之外。韩国兵士运用这些强弓劲弩，往往是连发百次不止，远距离的射中胸部，近距离的射中心窝。韩国士兵的剑和戟也都是出自名山名师锻造，在陆上可斩牛马，在水上可杀鸿雁，在战场上可杀劲敌，任何坚硬的铠甲盾牌也抵挡不住，威力无穷。所以，以韩国士兵之勇抗击敌人，以一当百，不在话下。”

苏秦的一席话把韩国吹上了天，把韩王也吹得好不受用，通体舒畅，连说：

“哪里，哪里，先生太过抬举我们韩国了！”

苏秦见他的烘云托月之术已起了作用，便轻轻地话题一转，朗朗说道：

“不过，韩国如此强大，大王又如此贤明，我却听说贵国准备向西面的秦国俯首称臣，要在韩国为秦王修行宫，接受秦国的封赏，春秋两季还要向秦国进贡。这样做，岂不是让国家蒙受耻辱而让全天下的人笑话吗？”

韩王一听不禁皱了皱眉头，苏秦连忙抓住时机往下说：

“所以，请大王一定要深思熟虑啊！您想想看，如果大王向秦国称臣，秦王必然要向您要宜阳、成皋这两个地方。如果您今年给了他这两个地方，他明年又会向您要另外两个地方。您若是给他吧，可哪有这么多地儿呢？若是不给吧，那前面已经给了的不是白给了吗？前功尽弃，反而还会招来祸害。总之，大王的土地有限，而秦王的贪欲无穷。以有限的土地去迎合无穷的贪欲，岂不是很危险的吗？岂不是不战而拱手把土地送给敌人，自找怨恨与灾难吗？”

说到这里，苏秦停下看了看韩王的脸色，然后又继续说下去：

“我听说有句俗语叫：‘宁为鸡口，无为牛后。’鸡的嘴巴虽然小，但比较干净，而牛的肛门虽然大却很臭。如果大王向秦称臣，跟当牛的肛门有什么区别呢？大王如此贤明，韩国又如此强大，却落下个当牛肛门的臭名，连臣下也私下为大王感到羞耻啊！”

韩王听到这里再也坐不住了，按剑而起，仰天长叹说：“我就是死也不能向秦国称臣啊！就按先生你说的办吧。我们韩国坚决与大家站在一起抵抗秦国。”

至此，苏秦的激将术大功告成。

由此可见，通过心理接触，激起对方的同情、反感、尊敬、蔑视、悲愤、欢乐等肯定或否定的情感，使对方形成与自己相同的观点，就能完满地达到预定的目的。就说服力而言，这与鬼谷子讲到的“五言”一样，都具有很强的攻心效果。

目明耳聪，巧舌如簧不妄言

【原文】

故口者，机关也，所以关闭情意也；耳目者，心之佐助也，所以窥瞷奸邪。

【译文】

嘴好像是开关一样，是用来打开和关闭感情和心意的。耳朵和眼睛是心灵的辅佐和助手，是用来侦察奸邪的器官。

【延伸阅读】

鬼谷子认为，一个出色的雄辩家，不能单逞“口舌之辩”，而是将其与目视、耳听、心思三者结合起来，力争做到有理有据，从而在处事和论辩中无往而不胜。

口不但是用来表达自己的情感和思想的，也可以用来探知他人的情感与思想。耳朵、眼睛是用来听和看的，大脑再将所见所闻加以分析就能立刻判断出奸邪。如果三者协调呼应，就能自由驰骋地议论而不会迷失方向。所以，在为人处世方面，我们要多多学习鬼谷子，善于做一个目聪耳明的人。

春秋战国时期，郑国的子产以贤明著称。有一次，他出门巡视，来到一户人家，听到屋里有妇人的哭声，便问是怎么回事。随从告诉他，这户人家刚死了男人。子产略加思索，就派人去捉拿那妇人审问，原来是她杀死了自己的丈夫。后来，他的随从问他说："您是如何知道她是杀人犯的呢？"子产说："她的哭声中隐含着恐惧。所有人对于自己的亲人，开始病的时候是爱护的，临要死的时候会感到恐惧，已经死了的话就会哀伤的。现在她是哭已经死了的人，不是哀伤却是恐惧，那么就知道她心怀鬼胎啊。"

鬼谷子说"耳目者，心之佐助也"，这句话很好理解，即提醒人们要注意观察，注意经验积累，这样做出的分析与判断才更准确。

有一天，更羸跟魏王到郊外打猎。一只大雁从远处慢慢地飞来，边飞边鸣。更羸仔细看了看，便对魏王说："我只要拉一下弓，这只大雁就能掉下来。"魏王不相信，便让他一试。随后，更羸左手拿弓，右手拉弦，只听得嘣的一声响，那只大雁直往上飞，拍了两下翅膀，忽然从半空里直掉下来。魏王看了，百思不得其解。更羸解释说："只用弓便让这只雁掉下来，不是因为我本事大，而是因为我知道，这是一只受过箭伤的鸟。"魏王更加奇怪了，问："你怎么知道的？"更羸说："它飞得慢，叫的声音很悲惨。飞得慢，因为它受过箭伤，伤口没有愈合，还在作痛；叫得悲惨，因为它离开同伴，孤单失群，得不到帮助。它一听到弦响，心里很害怕，就拼命往高处飞。它一使劲伤口又裂开了，就掉下来了。"

在现实生活中，细致的观察、透彻的分析加上如簧的巧舌，是一个人成功的三大要素，也是我们努力追求的境界。

留心忌讳，伤人之言不可有

【原文】

故无目者不可示以五色，无耳者不可告以五音。故不可以往者，无所开之也，不可以来者，无所受之也。物有不通者，圣人故不事也。古人有言曰：“口可以食，不可以言。”言者，有讳忌也。“众口铄金”，言有曲故也。

【译文】

对于盲人，不应该向他展示五彩的颜色；对于聋人，不应该跟他讲音乐上的感受；因此，对于冥顽不灵的人，就不要试图开导；对于不可交往的人，也没有必要接受。双方信息不同，圣人是不会乱做的。古人说：“嘴可以吃饭，但不可以随便说话。”因为有些话说出来是犯忌讳的。舆论的力量很大，连金属都能熔化，谣言也是可以歪曲事实的。

【延伸阅读】

鬼谷子认为，即便是有雄辩之才，也应该谨言慎行。有些话说出来没有效果，根本没必要说。有些话说出来犯忌讳，容易伤害别人，一定不要说。

在人际关系中，往往难免会发生矛盾和冲突，若要使对方接受你的意见，改变自己原有的看法，就要运用“强化”和“感化”两种方法，“强化”只能逼其就范，“感化”却使人易于接受，乐于改正。

苏东坡是北宋时期的一位大才子。有一天，他去拜访宰相王安石。苏东坡进门一看，发现王安石不在，但他看到书桌上压着一张尚未写完的诗，诗只写了两句：“西风昨晚过园林，吹落黄花满地金。”年轻气盛而又自负的苏东坡心想：“这西风只有秋天才会刮，而菊花具有傲霜的气骨，只有到了深秋季节才渐渐枯萎，岂会花落满地，更何谈‘吹落黄花满地金’呢？王公呵王公，好不自负，好不糊涂，竟然闹出如此笑话！”于是，他拿起桌上的笔，接着王安石未写完的诗，信笔写下：“秋花不似春花落，说与诗人细细吟。”然后带着几分得意神情回去了。

王安石回家后，见桌上的诗，知道苏东坡来过，而且见笔迹也知道是他所写，心里暗想：“这苏东坡，可真是年轻自负，我得想法子用事实教训教训他，让他明白到底是谁闹笑话！”

王安石心生一计，即刻向宋神宗建议，将苏东坡调到湖北黄州府做团练副使。苏东坡接旨后，心里很不痛快，心想这王安石就因为我揭了他的短，便上奏皇上叫我去湖北当苦差。可皇上已降旨，又不敢违抗。

话说苏东坡到任后，心里耿耿于怀，无心做事。有一天，他邀请好友陈季常一道在后花园饮酒赏菊，殊不知二人来到后花园一看，居然见不到一朵盛开的菊花。只见黄色的花瓣掉了一地，恰似“满地铺金”，原来前几天正好刮了大风，就将菊花纷纷吹落了。此时，苏东坡才恍然大悟。陈季常见苏东坡有些惊诧，便问道：“坡兄为何如此表情？”苏东坡才将前不久在王安石家错改菊花诗一事告诉了陈季常。接着，苏东坡感叹道：“我真是错怪了王公，我是只知其一，不知其二。今日之事给了我很深刻的教训，凡事都要谦虚谨慎，知之为知之，不知为不知，切不可自作聪明，骄傲自负。”后来，苏东坡主动向王安石赔礼道歉。

王安石以“教而不语”的心术，即用客观事实来教育苏东坡，真是无言胜有言，得到了良好的效果。这件事使骄傲自负的苏东坡从自己所犯的错误后果中得到了深刻教训，从此以后，他谦虚谨慎，成为声名超过王安石的一代大文豪。

所以说，要改变他人，而又不触犯他，或引起他的反感，最恰当的做法就是不说废话，不犯忌讳，这些全在于自己的收敛。然而，你管好了自己的嘴，却也管不了别人的嘴。所以，我们还是应该特别留意，以免受到别人谣言的中伤。

魏国有一个大臣叫庞恭，有一次，魏国王子要到赵国去作人质，魏王派他作随从。临行之前，庞恭对魏王说：“如果有一个人说大街上有老虎，您相信吗？”魏王回答说：“当然不信啦！”庞恭又问：“如果有两个人说大街上有老虎，大王您信吗？”魏王犹豫了一下，回答说：“还是不信。”庞恭又问：“如果有三个人说大街上有老虎呢？”魏王想了想，说：“这下我相信了。”

庞恭说：“其实，大街上根本就没有老虎。因为有三个人说有，大王在没有亲眼见到的情况下，也就相信了。现在，我大老远出使赵国，说我坏话的人肯定不止三个，希望大王明察。”魏王说：“你放心吧，我心里有数。”于是庞恭陪太子去了赵国。后来，庞恭从赵国返回以后，魏王还是听信谗言，没有再重用他。庞恭在临行前专门为魏王讲了“三人成虎”的故事，可他回来之后，还是失去了魏王的信任。

“众口铄金，积毁销骨”，流言蜚语多了，“是”可以被说成“非”，“白”可以被说成“黑”。总之，在为人处世的过程中，要坚持一个最基本的原则：伤人之言不可有，防人之心不可无。这样才会为自己树起一道避免伤害他人，或是避免被他人伤害的防火墙。

扬长避短，言其利而从其长

【原文】

人之情，出言则欲听，举事则欲成。是故智者不用其所短，而用愚人之所长，不用其所拙，而用愚人之所工，故不困也。言其有利者，从其所长也；言其有害者，避其所短也。故介虫之捍也，必以坚厚；螫虫之动也，必以毒螫。故禽兽知用其长，而谈者亦知其用而用也。

【译文】

只要自己说的话，就希望人家听进去；只要自己办的事，就希望它能成功。这是人之常情。因此，一个聪明人不用自己的短处，而用愚人的长处；不用自己的弱项，而用愚人的长项。这样，就避免使自己陷于窘迫。说到有利的一面，就要发挥其长处，说到有害的一面，就要躲避其短处。甲虫自卫，一定是用它那坚厚的甲壳。螫虫自卫，一定是用它那致命的毒螫。禽兽尚且懂得发挥自己的长处，游说者就应该懂得利用自己的长处。

【延伸阅读】

鬼谷子在谈“捭阖”时，已经提到过趋利避害，这里的“扬长避短”，其实是趋利避害的一种手段。一个人只有善于扬长避短，才能趋利避害。扬长避短是一种智慧，在生活中，人人都需要这种智慧。

在人类社会中，强者与弱者，总是相对而言的，你有你的优势，我有我的专长。因此，扬长避短，历来为有识之士所推崇。达尔文年轻时对诗歌产生兴趣，每天上午背诵几十行诗。不过，他很快发现自己的“诗才”平庸，便转向生物学，并取得了伟大成就。

这样的事例，可以举出许多。扬长避短，充分发挥自身的特长和优势是十分重要的。所以，一个人要在这个世界上立足，关键还是在于能否正确认识自己，发现自己，从而合理确定自己的人生坐标。

生活中，常有这样的现象，面对强劲有力的对手，一些人不是在自身条件基础上确定扬长避短的对策，而是不切实际地强求要比别人的长处更长，其结果往往只是东施效颦，不仅短时间内难以赶上别人，而且还会丧失自己原有的优势。

每个人都有自己的优点与缺点。有人长于交际，有人长于思考。有人善于猛打猛冲，快速出击，立竿见影；有人善于稳扎稳打，步步为营，循序渐进……如何发挥自己的长处，避免自己的短处和不足，这是安身立命的重要课题。

要想发挥自己的长处，首先需要发现并保住自己的长处。虽然每个人都有自己的优势和劣势，有长处和短处，但并不是每个人都对自己的长短优劣有清楚的认识和了解。生活中我们总能发现舍长就短，终生遗憾的悲剧。而那些自知程度较高、对自身长短利弊了如指掌的人，往往能够自觉地保住自己的优势，发挥自己的长处，取得生活的主动权。

汉武帝有一位贵妃李夫人，得了重病，卧床不起。武帝亲自到她床前探病，李夫人用被子把头蒙住说：“妾久病在床，样子难看，不能见皇上，看我现在的病情，恐怕不久于人世了。我想把我的儿子和兄弟托付给您，请您关照。”武帝说：“夫人病重，卧病在床，你的嘱托朕一定照办，请放心吧！但你病到这个地步，还是让朕看一看吧！”李夫人说：“女人不把容貌修饰好，不能见君王、父亲，妾不敢破这个先例。”武帝说：“只要见一面，朕会赐给你千金，而且封你的兄弟做高官。”李夫人说：“封不封官在皇上，并不在于见不见臣妾。”武帝坚持要见。李夫人索性转过身去，抽泣着不再说话。武帝这才知道，不能强求了，只得怏怏离去。

武帝走后，姐妹们都责怪李夫人，她们说：“既然你托付兄弟给皇上，为什么不见皇上一面呢？难道你怨恨皇上么？”李夫人说：“我们是用容貌去侍奉人的，我们的长处是长得漂亮。一旦容貌减退，就不招人喜欢了。皇上不喜欢你，自然恩断义绝。皇上之所以还恋念着我，是因为我过去容貌好看。如今，我久病貌衰，一旦被皇上看见，必然遭到皇上的厌恶和唾弃，他怎么还能思念我而厚待我的兄弟呢？考虑到这些，我以为还是不见皇上的好。”

就这样，直到李夫人去世，汉武帝也未能见上她一面。然而，因为他心里保存着李夫人昔日的美好印象，对李夫人一往情深，并写下了《李夫人歌》《悼李夫人赋》《落叶哀蝉曲》等歌赋，来寄托哀思。不久，他还提升李夫人的哥哥李延年为协律都尉。

李夫人对自己的优势和长处，认识得特别到位，这就是自己的美貌。尽管久病之后，它已不复存在，但在汉武帝心中，她的形象却还是一样，为保住这优势，她便采取了蒙被子说话，不让皇上看见容貌的方法，最终达到了预期的目的。

战国时期，有一位齐国人对此阐发过深刻见解。

齐国宰相田婴，想在自己的封地薛地筑城，发展私家势力，以备不测。人们纷纷劝阻。田婴下令任何人也不得进谏。这时，有一个人请求只说三个字，多一个字，宁肯杀头。田婴觉得很有意思，请他进来。这个人快步向前施礼说："海大鱼。"然后，回头就跑。田婴说："你这话外有话。"那人说："我不敢以死为儿戏，不敢再说话了。"田婴说："没关系，说吧！"那人说："您不知道海里的大鱼吗？渔网捞不住它，鱼钩也钩不住它，可一旦被冲出水面，便成了蚂蚁的口中之食。齐国对于您来说，就像水对鱼一样。您在齐国，如同鱼在水中。有整个齐国庇护着您，为什么还要到薛地去筑城呢？如果失去了齐国，就是把薛地的城筑到天上去，也没有用。"田婴听罢，深以为是，说："说得太好了。"于是，他停止了在薛地筑城的做法。

田婴本来是齐威王的相，宣王继位后，不太喜欢田婴。田婴筑薛城，是想建设一个退身之地。表面上看，这也不失为一个较好的计谋。但是，齐国谋士认为，田婴此行的最大弊病，是丢弃了自己的优势。田婴的长处是经营整个齐国，将齐国掌握在自己手中。以齐国为依托，就是齐宣王也不能将他怎么样。反之，到了薛地，地小人少，无法施展拳脚，那便处在任人宰割的地步，不但不能保护自己，反而适得其反。俗语说："龙逢浅水遭虾戏，掉尾凤凰不如鸡。"就是这个道理。

"人人是庸才，人人又是天才。"能做到扬长避短，才有资本趋利避害。长处可以带来利，短处只会有害。所以鬼谷子说："智者不用其所短，而用愚人之所长；不用其所拙，而用愚人之所工。"辩论、交谈和做事，我们都需要扬长避短。如何来做，就是扬自己之长，借别人之长，避自己之短，打击别人之短。深刻体悟这段话，我们就能明白今后为人处事的要点。

坚守虚静，善于控制坏情绪

【原文】

故曰辞言有五：曰病、曰恐、曰忧、曰怒、曰喜。病者，感衰气而不神也；恐者，肠绝而无主也；忧者，闭塞而不泄也；怒者，妄动而不治也；喜者，宣散而无要也。此五者，精则用之，利则行之。

【译文】

一般而言，在外交辞令中有五种言态：一是病态之言；二是恐吓之言；三是忧郁之言；四是愤怒之言；五是喜悦之言。病态之言是神气衰弱，而无精神；恐吓之言是杞人忧天，令人害怕而无主见；忧郁之言是情感闭塞，不能畅言；愤怒之言是气急发怒，不能自制；喜悦之言是宣泄于外，不得要领。以上这五种言态应尽力避免，但精于言说者也可一用，若用之有利，则不妨付诸实行。

【延伸阅读】

在这里，鬼谷子阐述了五种说话状态，而且不建议普通人使用这几种言态。因为这些说话方式会暴露自己相应的缺点。我们知道，古人，尤其是作为天下之主的君主，都喜欢坚守虚静，不习惯轻易流露自己的欲望和意图。道理很简单，如果君主显露出自己的欲望，臣下就会精心粉饰自己；君主不要表露自己的意图，如果君主表现出自己的意图，臣下就会表现假象来迎合。当然，鬼谷子也说到“精则用之，利则行之”，大意是，有时候为了说服人，也要善加利用自己的情绪。但是，只有在确保能控制谈话局面时才能尝试。

所以，做君主的由于坚守虚静，就像是藏在隐蔽的暗处，窥视在明处的臣下。想犯上的臣下，一言一行无不被君主察知，一些纵想有不良之举的臣下，也会由于恐惧君主的明察而收敛其行为。在明处的臣下无从得知君主的意图，也无法钻君主的空子，以行私利。一旦臣子有犯上作乱、图谋不轨之举，做君主的可以出其不意地给他以沉重的一击，使其一败涂地。可以说，这既是一种权术，也是一种御人之术。

《韩非子》上，记载了齐威王“三年不鸣，一鸣惊人”的故事，从这个故事中，我们可以看出，他所使用的，正是鬼谷子所说的“权”术。

齐威王在登基之初，沉溺于酒色，政事一律交给臣下去办，因此国政紊乱，外侮频繁，使齐国濒临灭亡的边缘，如此长达三年之久。

这时，齐国有名的说客淳于髡来拜见齐威王，对威王说：“我国有一只大鸟，住在大王的宫殿上，三年不飞，也不叫一声，大王您知道是什么鸟吗？”

淳于髡以此隐喻来劝谏威王。威王微微一笑，对他说：

“这只鸟不飞便罢，一飞起来，就要冲上天去；不叫便罢，一叫起来便要使人惊惧。”

不久，威王便整顿纲纪，召集七十二县的官员到京都来，实行信赏必罚。

威王的施政方式是这样的。他首先召见即墨的县令，对他说：

“自从你就任即墨县令以来，诽谤之声不绝于耳，几乎每天都有人来向我报告。但我派人调查，发现即墨的田地耕种得很多，公事处理得有条不紊。可见诽谤之声，是由于你不肯向我身边的人行贿之缘故。你是一个好县令。”

结果，威王封他万户之邑。接着，他又召见阿县县令，说：

“自从你就任县令之后，赞美之声不断。但经我调查，阿县的田地荒芜、人民贫困；此外，邻近的州县被赵攻击时，你甚至没有派兵支援，你身为县令却玩忽职守，并且贿赂我身边的大臣以换得美誉，可见你是一个要不得的贪官污吏。”

威王当天就把阿县县令处以烹刑。至于近臣中受贿赂的，也一律处死。

威王诛杀了五个大臣，起用了六个俊才，又制定新的法律，国家很快治理得井井有条，逐渐强盛起来。

关于这个故事，历史上有不同的记载和传说。有人说不是齐威王，而是楚庄王，但这一点并不重要。一般人们都认为，这个故事说明了齐威王（或楚庄王）是如何悔过自新、大器晚成的，但这并不是韩非子的本意。韩非子透过这个故事所要说的，是他关于禁奸之术的思想。

表面上看来，威王似乎三年来都在糊里糊涂地混日子，其实他是在暗中静静地观察众臣的行动、鉴别贤愚不肖，只不过在等待一个有利的时机罢了。最后当时机来临时，他便果断地出击，一举将奸佞之臣清除、扶持提拔贤能之臣。这件事体现了齐王作为一代英主的高超智慧。

在古时，人们非常重视修身，修身最重要的一点就是要控制自己的情绪。在现实生活中，我们也要注意这一点，不要让自己成为一个喜怒无常的人，这是修身的重要功课，也是处世的一个准则。

看人说话，未可全抛一片心

【原文】

故与智者言依于博，与博者言依于辨，与辨者言依于要，与贵者言依于势，与富者言依于高，与贫者言依于利，与贱者言依于谦，与勇者言依于敢，与愚者言依于锐。

【译文】

所以与聪明的人谈话，要显露你的博学，使对方看重你；与博学的人谈话，要善于辨析事理；与善于辨析事理的人谈话，要抓住要害，简单扼要；与高贵的人谈话，要论说时势，以势制服对方；与富人谈话，要显得你很清高，使其难以夸耀财富；与穷人谈话，要谈及利益，以驱使对方动心；与卑贱的人谈话，要显得谦恭，以维护其自尊心；与勇敢的人谈话，要表现得果敢，使对方信任你；与愚笨的人谈话，要以锐意革新为原则，使其前进。

【延伸阅读】

鬼谷子认为，与不同的人交流，应采用不同的策略。说话时，不仅要看对方的才华、出身、能力，也要考虑他的勇气、性格，以及生活环境等。只有学会看人说话，才能达到说话的效果。

有一天，孔子带着子贡和几位弟子，骑马郊游。孔子下了马，一行人坐在草上欣赏着优美的景色。

突然，从远处传来吼叫声，孔子对子贡说："可能是咱们的马惹出麻烦了，你跟人家赔个不是，把它牵回来。"

子贡走到农民跟前，又作揖，又致歉，措辞有礼，态度诚恳，子贡满以为这样一来人家就会破怒为笑，把马还给他。没想到农民根本不吃他这一套，依然满脸怒气地说："我不知道你在说什么，你这马践踏了我的庄稼，你得赔我！"

子贡面子丢尽，也没能要回马，只好哭丧着脸回来向孔子复命。孔子突有所悟地拍了一掌，说："这是我的错，我不应该让你去跟人家说，应该让马车夫去。"

马车夫没等走到农民身边，就大声赞叹道："多好的庄稼地啊，这真是一片少见的田地。这位大爷，您家的土地太广泛了，像这么好的土地我还从未见过呢！嗨，我那头可怜的马，一路跑来，大概快饿扁了，我一不留神，竟跑到您老人家的地里来了，真是不懂事的畜生，这么好的庄稼，怎么忍心踩。我回去非得狠狠揍它一顿不可！"

马车夫的这一番话，就使农民脸上露出了笑容，态度大变："其实这地也不算大，庄稼长得还行。这是您的马啊，快拉走吧，以后看紧点。"

马车夫不辱使命，笑嘻嘻把马给牵回来了。孔子感慨地教训弟子们说："对什么人说什么话，这是很重要的处世经验呵！"

这个例子中，孔子最初不会"料敌"，所以派了子贡去，结果子贡不懂得"见什么人说什么话"的道理，一副书呆子气，结果有辱使命。后来孔子想到了这一点。派马夫去要马，结果笑嘻嘻地牵回了马。由此可见，"料敌制胜"在交际中的应用之效。

不同生活背景和文化背景的人会有不同的思维定式，对于圈内的人来说，相互理解起来更容易，但对于圈外的人来说，几乎无法沟通。交谈之前要先了解对方，才能达到有效的沟通。

有时谈话是在非常不协调的情况下开始的，一方要宣传某种观点，另一方则坚决反对，双方的态度都比较明朗。这种情况下，只能机动灵活，因势利导，借助对方的力量以作为自己一方的力量，借其形势施展自己的才华。

惠盎请见宋康王，康王一边跺脚，一边咳嗽，急速地说："寡人所喜欢的，是勇敢有财力的人，不喜欢道仁说义的人。客人将以什么教诲寡人呢？"

宋康王一见面就给了惠盎一个"下马威"，不许他以仁义来游说，而惠盎正是宣传仁义的人。谈话随时可能卡壳。

惠盎顺着康王的话说："我所要说的，正是有财力的，我能够使得这种人虽然勇敢，却不能刺入；虽有力气，却不能击中。像这样的事，大王难道对此无意吗？"

康王说："好啊！这正是寡人所愿意听的。"

惠盎说："刺而不能刺入，击而不能击中，仍然是羞辱。臣有办法使这种人虽然勇敢，却不敢刺杀；虽然有气力，却不敢攻击，大王难道对此无意吗？"

康王说："好啊！这正是寡人所愿意知道的。"

惠盎说："不敢刺杀，不敢攻击，并非是没有那样的想法。我有办法使这种人本来就没有那样的想法，大王难道对此无意吗？"

康王说："好啊！这正是寡人所希望的。"

惠盎说："没有那样的想法，但仍然还有爱利的心，臣有办法对付这种情况，使天下男女莫不欢欣鼓舞，都能把这儿作为爱，把这儿作为利，这要比有勇有力强得多，比以上四种情况都好得多，大王难道无意吗？"

康王说:“这是寡人所想得到的。”

惠盎这时才说明自己的政治主张:“孔丘、墨翟的德行应当作为法则啊!孔丘、墨翟没有国土却如同君主,没有官职却被敬为尊长,天下男女莫不伸长脖子仰望他们,衷心祝愿他们。现在大王是万乘大国的君主,如果有了孔、墨的志向,那么四境之内都能得到好处,比孔、墨的贤名要大得多了。”

宋康王虽然心里不同意仁义的主张,但也反驳不上来。惠盎退下后,康王感叹地对左右的人说:“客人多么善于辞辩啊!他是在怎样的说服寡人呢!”

惠盎在宋康王宣布自己坚决不听仁义的说教后,并没有放弃自己的观点,而是顺应康王的需要,从他所能接受的地方开始,步步推进,处处设伏,终于到了非说仁义不可的地步,使康王不得不叹服。不难看出,惠盎是个善辩之人,他善于看人说话。他不但对宋康王非常了解,而且也深知鬼谷子“与富者言,依于高”“与贵者言,依于势”的道理。

第九章
谋篇：奇谋既出，所向披靡

本章讲的是鬼谷子的谋略，鬼谷子谋略可分为谋政、谋兵、谋交、谋人四个方面。也可分为上谋、中谋、下谋。上谋是无形的谋略，中谋是有形的谋略，下谋是迫不得已所使用的下下之策。以上三种计谋，相辅相成，可以制订出最佳的方案，也就是奇谋。奇谋既出，所向披靡，自古而然。同时，鬼谷子认为，天地的演化，在于高深莫测；圣人的谋略，在于隐蔽不露。

出奇制胜，不寻常才能超常

【原文】

凡谋有道，必得其所因，以求其情。审得其情，乃立三仪。三仪者：曰上，曰中，曰下，参以立焉，以生奇。奇不知其所壅，始于古之所从。故郑人之取玉也，载司南之车，为其不惑也。夫度材量能揣情者，亦事之司南也。

【译文】

凡谋事有一定规律，首先必须查明事情的原委，以探得实情。审慎考核实情，然后确立"三仪"，即上、中、下三种策略。此三者互相参验，通过分析论证，就能定出奇谋。通过这种方式产生的奇谋所向无阻，自古以来便是如此。据说，郑国人入山采玉，会乘载带有司南针的车，为的是不迷失方向。为人谋事，一定要考虑其才干、能力，揣测其实情，这是为人谋事不可或缺的指南。

【延伸阅读】

在这里，鬼谷子指出了出奇制胜的奥妙，"奇不知其所拥，始于古之所从"。正如孙子所说："凡战者，以正合，以奇胜。故善出奇者，无穷如天地，不竭如江海。"出奇制胜，正是优秀将帅的追求。

一般来说，出奇制胜可分为两类：一类是本身就是神秘的；另一类则是表面平淡无奇，无“神”的迹象，然而其深处则是包藏了极深的玄机，不易让人识破，只是在关键时刻才显露山水，让人恍然大悟，叹服不已。这两类谋术不能说哪一种更高明，只是在不同的情况下用不同的心术罢了。

唐代大臣郭子仪平定了安史之乱以后，又经过肃宗、代宗、德宗三朝，屡建功勋，被封为汾阳王。他身为国家元老，功劳大得几乎可以盖过皇帝。

但是，在汾阳王府第里，却与别家府第大不相同，毫无森严壁垒之势，而总是门户大开，出入宽松。

有一天，郭子仪部下的一位将军求见。当时郭子仪正在侍候夫人和爱女梳妆，他毫不在乎被人看见，仍不慌不忙，照旧侍候完毕才去接见。他的儿子们见了，面子上很觉得过不去，便一起约好向父亲劝谏。他们说：“父亲功业赫赫，世所罕有，但却不注意尊重身份，凭谁都可以进入您的卧室，这样没有规矩怎么行呢？”

郭子仪听了这话以后，只好向儿子们讲明他这样做的用意。他说：“你们的心意我又何尝不知道呢？可是你们却一点儿也不懂我的良苦用心，我们的家现在有五百匹吃公家草料的马，有上千个吃公家粮食的仆人，人口杂多而繁乱。而我自己呢，权势地位，声名财产，什么都已经到了头。往前，我没有什么可以再去追求的东西；往后，也没有什么可仗恃的东西。就我现在这样的情况，如果像别人家那样大门紧闭，不与外人往来，搞得森严似海，只要有一个人诬陷我什么，就会有人跟着胡乱猜测，如果传到圣上的耳朵里，弄不好全家九族都将遭遇杀身之祸，那时便有口难辩，悔之莫及了。而像现在这样，我们家的四门洞开，出入自由，一切都明白地摆在众人眼里，谁要想加罪于我不是就找不到借口了吗？这正是我的用意所在啊。”

郭子仪一席话，道破了玄机。他的儿子们听了全都恍然大悟，认为实在有道理，纷纷拜倒在地，深深佩服老人的深谋远虑。

其实，由于世间的万物无不处于对立统一、矛盾变化之中，“神奇”与“不神”往往也都是统一的和可以转化的，而不是完全对立的。有些人往往容易用习惯的旧有眼光对事物进行衡量，因而看不到这类特殊事物本身蕴含的神奇内质，只是把它视为平凡的变体而予以忽视，甚至加以嘲弄，直到该事物的神奇内质被揭露开来，露出奇光异彩时，才恍然叹服。

楚汉争霸之际，韩信背水一战大破赵军。在庆祝胜利的时候，将领们问韩信：“兵法上说，列阵时应该背靠山，阵前可以临水泽，现在您让我们背靠水排阵，现在竟然取胜了，这是一种什么策略呢？”韩信笑着说：“这也是兵法上有的，只是你们没有注意到罢了。兵法上不是说‘陷之死地而后生，置之亡地而后存’吗？如果是有退路的地方，士兵早都逃散了，怎么能指望他们拼命呢？”

兵家权变之术中，很强调“兵无常势，水无常形”“能因固变化而取胜者，谓之神”。韩信精通兵法，但不囿于兵法，而是充分领会兵法之精华，将其融会贯通，最终达到出奇制胜的效果。

世上的确有许多事，许多现象，从理论上来看是行得通的，但是时机未到，就不能图之，若要强求，硬攻、硬拼，反而会弄巧成拙，甚至功亏一篑。有时，时机虽未到，但是，经过巧妙的运作，促使其量变，促使其成熟，然后再图之，便会产生一种出奇制胜的效果。也就是说，出奇制胜的关键就在于“奇”，特别是在博弈中，在别人想不到的地方动脑子，对自己的惯性思维多进行一些变革。

联合谋事，求同存异化分歧

【原文】

故同情而相亲者，其俱成者也；同欲而相疏者，其偏害者也。同恶而相亲者，其俱害者也；同恶而相疏者，其偏害者也。故相益则亲，相损则疏。其数行也，此所以察异同之分也。故墙坏于其隙，木毁于其节，斯盖其分也。

【译文】

凡志趣相投的人联合谋事，事成后若双方都能得利，感情定会亲密；若仅一方得利，感情定会疏远；凡有共同憎恶的人联合谋事，若是同受其害，感情定会亲密；若仅一方受害，感情定会疏远。所以说，凡相互都能受益，感情定会亲密；凡相互受到损害，感情定会疏远。这是矛盾运行的必然规律。所以在为人处事时，一定要考察彼此在各方面的异同。所以，墙壁都是由于有裂隙才倒塌，树木都是由于有节疤才毁断。人与人之间若有分别，就可能导致分裂。

【延伸阅读】

人是社会性的动物。人生在世，免不了要与人合作。鬼谷子认为，如果合作是让双方都得益，那就是成功的合作；如果只有一方受益，另一方受损，甚至两方都受损，那就是失败的合作。与人合作，我们一定要谨慎行事，以免误人害己。

《世说新语·德行篇》记载了这样一个小故事：

管宁和华歆是三国时代的两个名士，他们年轻时曾是非常要好的朋友。有一次，两人一同在菜园里锄土，从土地里刨出一块金子，管宁照旧挥动锄头，继续劳动，跟锄掉瓦石一样。而华歆却把金子拿在手里，把玩了一会儿才扔出去。还有一次，两人同坐一张席子读书，当有人乘着华丽的车辆从门前经过时，管宁照旧读书，而华歆却放下书本出去观望。于是管宁割开席子，分开座位，说："你不是我的朋友！"这就是"割席断交"的典故。

管宁、华歆曾一起在陈球门下学习，所以两个人是同学关系。管宁之所以割席，表面上只是因为两件小事：华歆拾金及观看高官车马。但管宁从这两件事中看出了华歆追求功名利禄的心思，这与管宁自己淡泊名利的价值观相冲突，所以管宁才毅然割席。

实际上，无论是管宁的淡泊名利，还是华歆的追求名利，本身并没有优劣之分。任何一个社会，既要有恬淡的君子来树立道德典范，也要有上进的士人来建功立世。

管、华的断交，归根结底，还是因为彼此的道不同，所以他们没能建立起有效的合作。孔子说："道不同，不相为谋。"意即为志向不同，不能一起谋划共事。真正默契的合作者，应该建立在共同的思想基础和奋斗目标上，一起追求、一起进步。如果没有内在精神的默契，只有表面上的亲热，这样的朋友是无法真正沟通和理解的，也就失去了做朋友的意义了。

当然，虽有"道不同，不相为谋"一说，但是，如果双方有合作的必要，而且彼此的利益大于分歧时，那合作对双方都是有益的事。所以，不能因为存在分歧而放弃合作，而要尽可能寻找双方的共同点。三国时期，"孙刘联盟"就是一个典型的例子。

当时，曹操占据北方，进逼江东，向孙权下战书。曹操大兵压境，孙权知道自己无力抵抗，而且内部有一些人主张降曹，这让孙权不知如何是好。就在这个时候，他刚好遇到了被曹操战败，处境同样孤危的刘备。面对共同的敌人与境遇，他们一拍即合，精诚合作，最终双方在赤壁之战中大败曹军，保全了自己。

当然，孙刘联盟最终的破灭，与蜀将关羽不无关系。三国形成时期，刘备争夺西川进入白热化的阶段，由于庞统战死，刘备召诸葛亮入蜀辅佐，留下性情稳重的关羽守卫荆州。诸葛亮临走前，对关羽反复强调八个字：东联孙吴，北拒曹操。但是自负的关羽却没有听从军师的意见，不断和东吴发生龃龉。吴主孙权想和关羽结亲，便派诸葛亮的哥哥诸葛谨做媒人，原本以为关羽多少会给点面子，结果遭到关羽的臭骂。这件事完全改变了孙权的立场。就在关羽“北拒曹操”，攻拔襄阳、水淹七军的时候，吴将吕蒙却在背后偷袭荆州，生擒了关羽。因为关羽不肯投降，结果被斩首。

按照常理，孙权提出与关羽结亲，是巩固孙刘联盟的一大契机，符合刘备的根本利益。即便关羽不同意，婉言谢绝即可，何必出言不逊，大伤和气。可以说，关羽这种“拒吴抗曹”的做法，完全打破了诸葛亮的“联吴抗曹”的计划，不但自己丢了性命，也直接导致蜀国的败落。

关羽是一员武艺过人，并有一定谋事能力的宿将，但是，他“刚而自矜”，不善与人合作，这是他最致命的弱点。襄樊战役使蜀汉彻底退出了荆州争夺，绝非“大意”二字可概括，关羽一生中最大的胜利与一生中最大的失败，前后只有一百多天，其威震华夏之时，在其自身因素和外因的作用下，过早结束了他波澜壮阔的英雄人生。

在现实生活中，要想与人联合谋事，首先，自己得是一个懂得合作的人，不能刚愎自用，独来独往。其次，要善于解决合作中的矛盾，即不要先找不同，而要先寻求共同点，只有寻求到共同点，才能找到解决问题的办法。尊重多元化、异中求同，这才是社会进步和人类发展的正确办法。

因人制宜，做事不可太单纯

【原文】

夫仁人轻货，不可诱以利，可使出费；勇士轻难，不可惧以患，可使据危；智者达于数，明于理，不可欺以不诚，可示以道理，可使立功，是三才也。故愚者易蔽也，不肖者易惧也，贪者易诱也，是因事而裁之。

【译文】

通常，仁德的人不看重财物，不可用财物相诱惑，只可让其提供财物；勇敢的人不惧怕危难，不可用祸患相恐吓，只可使他据守险地。智慧的人知权变、明事理，不可假装诚信相欺骗，只可晓以大义，使其建功立业。这是三种人才啊，必须好好使用！由此观之，愚昧的人容易受蒙蔽，品行不好的人容易被吓住，贪婪的人容易被引诱。对于这些人，要抓住其特点来控制他们。

【延伸阅读】

鬼谷子将人分为如下六种：仁人、勇士、智者、愚者、不肖者、贪者。他认为，要笼络或利用一个人，首先要了解他的性格特点，进而采取有效的应对办法。如果采取的方法不当，就可能事与愿违，引起别人的反感。

下面的这个故事发生在春秋时期。

齐国国君的大公子纠在鲁国，二公子小白在莒国。后来，听说国君死了，齐国无君，公子纠和公子小白一同归返齐国，碰巧同时赶到，争先而入。辅佐公子纠的管仲开弓放箭杀公子小白，没射中公子小白，射中了钩。这时，辅佐公子小白的大臣鲍叔灵机一动，马上让小白倒下装死，躺在车中。管仲以为公子小白已被射死，便告诉公子纠说："你可以安稳地坐上国君的宝座了，公子小白已经死了。"这时，鲍叔抓紧时间，立刻驱车赶入齐国。于是，公子小白当了国君。

冯梦龙先生在评价这段故事时说："鲍叔的应变能力真厉害，其心术的运用像疾飞的箭头一样快！"这哪里是反应快，分明就是人生经验的显现。由此可以看出，鲍叔可不是一个单纯之人，虽不能说老奸巨猾，至少是一个懂得"因人制宜"的人。

三国时期的曹操和刘备，堪称一代豪杰，都是"因人制宜"的高手。曹操一向忌恨刘备。有一天，曹操到刘备的住处饮酒闲谈。当谈到当今天下谁称得上英雄时，曹操说道："如今天下的英雄，只有你我二人，袁本初不值一提！"这时，刘备正巧不慎失落匀筷，同时，天上打了个响雷，于是，刘备对曹操说："圣人说迅雷风烈，必有大变，是说得真对呀！这一声雷的威力，竟把我吓成这个样子了！看来，我真不配当英雄啊！"当时，刘备正客居在曹操手下，每时每刻都在寻找时机，逃出曹营，自立门户，担当起复兴汉室的大业。为实现这一目的，他采取了韬光养晦的心术。当曹操说他是英雄时，他误以为曹操摸到了一点儿蛛丝马迹，故意以言语试探，为此有些惊慌，随之失落了勺筷。这是个意想不到的突发事件，曹操很可能由此发现他内心的秘密。这时，老谋深算的刘备，直觉和灵感上来了，不慌不忙地解释了一番。刘备的解释可谓一箭双雕，既解除了曹操对失落匕筷的猜疑，又为他想制造的胸无大志、平庸无能的假象增添了一层修饰。

懂得因人制宜，做事不单纯，可以逢凶化吉，让事情变得更顺利，反之，如果不善于谋事，做事死心眼、直心肠，就非常容易碰壁。

东汉有个官员叫杨震。有一次，他路过昌邑县。昌邑县的县官王密，是杨震向朝廷推荐的。这次杨震来了，王密自然很热情地招待他。两人一起吃晚饭，谈得很投机。晚饭过后，杨震就回到旅馆休息。半夜的时候，王密悄悄来到杨震的住处，带了一份厚礼给他。王密说："我能当上县官，全靠大人您的提拔，这份薄礼请您收下。"杨震坚决不肯收礼物，他说："我推荐你，是因为你有才华，而不是要你报答。"王密又说："您收下吧，现在是半夜，这件事不会有人知道！"杨震生气地答道："天知，地知，你知，我知，怎么说没有人知道？"王密听了很惭愧，连忙把礼物收回去，低着头走了。

王密给杨震送礼，或许真的是出于一片感激之情，但是他不懂得"仁人轻货，不可诱以利"的道理，碰了一鼻子灰不说，还为两人原本融洽的关系蒙上了阴影，影响了自己今后的发展。

不管是在什么领域，做什么事情，因人制宜地谋事、做事都非常重要。很多事情都有它的底线，你不能去跨越它，当你跨越的时候，你会把好事变成坏事。而因人制宜，就是说对待不同的人要采取不同的态度，不能一概而论。

结而无隙，合作也要讲谋略

【原文】

计谋之用，公不如私，私不如结，结而无隙者也。正不如奇，奇流而不止者也。故说人主者，必与之言奇；说人臣者，必与之言私。其身内其言外者疏，其身外其言深者危。

【译文】

使用谋略，公开谋划不如私下密谋；私下密谋不如结为同盟；结为同盟就应避免矛盾。使用谋略，常规策略不如奇谋，施以奇谋则无往不胜。因此说，在游说君主时，一定要先献奇谋；向人臣游说时，必须先谈私交。如果你是同盟内的人，却将机要泄露给同盟外的人，就会被同盟者疏远。如果你是同盟外的人，却触及同盟内的秘密，同样会有危险。

【延伸阅读】

何为“结而无隙”？鬼谷子认为，结而无隙就是团结一致，防止出现不必要的隔阂。不管是朋友相处，还是君臣相处，如果双方之间缺少密切无间的合作，事业就很难顺利往前推进，而且也可能给双方带来危机。

战国时期，有一次，蔺相如奉命出使秦国，完成了“完璧归赵”

的壮举，又在渑池会上为赵国争了光。为了犒赏他，赵王任命他为上卿，职位比大将廉颇还要高。廉颇当然有些不服气，他私下对门客们说："蔺相如爬到我头上来了。我一定要给他点颜色看看。"一天，蔺相如坐车出门，瞧见廉颇的车马迎面过来，就叫车夫退到小巷里，让廉颇的车马先过去。蔺相如手下的门客气坏了，纷纷要求离开。蔺相如挽留他们，说："你们说，秦王和廉将军谁更威风？"门客表示当然是秦王威风。蔺相如接着说："秦王那么威风，可我就敢当面指责他，我又怎么会怕廉将军呢？我是怕我们两人不和，秦国就会来攻打我们。"廉颇听到这话后，感到十分惭愧。他光着上身，背上绑着荆条，到蔺相如家请罪。蔺相如连忙扶起廉颇，两人从此成为生死之交。

这则"将相和"的故事传颂千古。蔺相如面对不可一世的秦王，仗义执言，毫无惧色；而面对盛气凌人的廉颇，则为了顾全大局，理智地选择了忍让。因为他清楚地知道，盟友间的不和，就会给敌人带来可乘之机，给自己招来灭亡的命运。当然，老将廉颇先矜后悔，负荆请罪，其胸怀之坦荡也同样令人敬仰。

如果天下的同盟者都有蔺、廉二人这样的胸怀，又何愁不能同舟共济，共创一片天地。但是，并不是所有的同盟都是"结而无隙"的，许多时候，他们空有同盟之名，而发挥不出同盟的力量，就是因为他们之间缺少团结。

春秋时期，诸侯割据。随着秦国的日渐强大，联合抗秦成为各国唯一的选择。有一年，晋将荀偃为统帅，率领鲁、齐、卫、郑等国联军向秦进发，在棫林与秦军僵持了很长时间。荀偃见联军以众击寡却难取胜，一时情急，没有和各国将领商议，就下达了一道命令："明天早晨鸡一叫，全军就要驾马套车，拆掉炉灶，许进不许退，唯我马首是瞻！"魏国将领栾黡听到荀偃的命令，非常反感，气愤地对手下军士说:“荀偃的命令太过专权独断,根本不把魏国放在眼里!好,他的马头向西,我偏要向东,看他能怎样?”于是,他率领魏军回国去了。其他各国将领看到这种情况,谁也不跟荀偃进攻秦国了,全军顿时混乱起来。荀偃此时虽后悔不已,但军心已经涣散,只得沮丧地下令撤兵回国。

诸国军队合在一起,浩浩荡荡,貌似强大,但人心不齐。人心齐,泰山移,但如果各怀私心,失败就成为必然。荀偃破釜沉舟的勇气值得肯定,但他忽视了收拢人心,忽视了联盟团结合作的重要性,导致了最终的失败。

不论是朋友相处,还是国家结盟,首先要选择正确的合作对象,其次,要亲密无间,形成真正的合力,这样才能无往而不胜。如果大家都为了一己之利,打自己的小算盘,或是压根就选错了合作对象,都难以实现“结而无隙”。

图人所好，留心兴趣与避讳

【原文】

无以人之所不欲而强之于人，无以人之所不知而教之于人。人之有好也，学而顺之；人之有恶也，避而讳之。故阴道而阳取之也。故去之者纵之，纵之者乘之。

【译文】

不要把人家不喜欢的东西强加给人，不要把人家不愿知道的事情强教给人。如果对方爱好某种东西，你要学着迎合他的兴趣；如果对方厌恶什么东西，你要尽量加以避讳。所以说，你是在暗中顺从对方，得到的却是公开的信任。因而，想要除掉的人，可献谋使其放纵，待他犯了错误时，你就可以抓住机会制裁他。

【延伸阅读】

鬼谷子认为，“人之有好”，应“学而顺之”。现在社会心理学的研究证明，人的情感引导行动，积极的情感，比如喜欢、愉快、兴奋，往往产生理解、接纳、合作的行为效果，而消极的情感，如讨厌、憎恶、气愤等，则带来排斥和拒绝。要使人对你的态度从排斥、拒绝、漠然处之到对你产生兴趣并予以关注，就要发现对方的喜好、优点，并“学而顺之”。

战国时期，晋国大夫荀息以屈地的良马和垂棘的玉璧为礼品贿赂虞公，借道伐虢，并最后灭虞。荀息准确地掌握了虞公贪财好利的性格，又甜言蜜语称颂他，使虞公只知与晋为同宗，而不知晋的野心，执迷不悟，不听宫之奇忠告，结果国家破灭，自己也被抓住当了晋献公女儿的陪嫁人。这是应用“佯顺敌意”心术的典范。

佯顺敌意并不一定要借助物质手段，有时赞美他人，从心理上使其满足，也能达到良好的效果。

东晋时期，王坦之有个弟弟叫阿智，性情顽劣不堪，已经老大不小了，仍没人愿意将女儿嫁给他。孙绰有个女儿叫阿恒，也是怪僻得厉害，到了待字之年还是嫁不出去。

一天，孙绰到王坦之那里，说是想见一见阿智。见面之后，孙绰装作一本正经的样子说：

“人还是蛮不错的嘛，根本不像别人传言的那样，怎么会到现在还娶不上媳妇呢？我有一个女儿，也还说得过去。但我们是寒门，和您谈论这件事有点不合适，就让阿智娶我女儿怎么样？”

王坦之一听喜出望外，兴冲冲地报告他父亲王述：“孙绰来了，居然要把女儿嫁给我们的阿智。”

王述又惊又喜。等媳妇过了门，才知道比起阿智来，那阿恒的顽劣乖戾是有过之而无不及。王述这才明白是上了孙绰的当。

俗话说：饥不择食。孙绰正是利用王述父子迫不及待的心情，投其所好，以售其奸，将女儿嫁了出去。

清代著名画家郑板桥，名气很大，脾气特怪，不肯向权贵富豪低头折腰，也不愿卖字画给他们，即使因这样那样的原因不得不给，就把题上款一项省掉。如果题有上款，称为某兄某弟，那就是郑板桥对那人另眼相看了。

扬州有一个盐商叫王德仁，字昌义，家财万贯，却苦于得不到郑板桥的一幅正版字画，就算辗转迂回地弄到几幅，也不会有上款，这事让他耿耿于怀。王德仁长期谋划，得到一个计策。

人都有弱点，郑板桥就爱吃狗肉。如有人做一锅香喷喷的狗肉送给他，他会写一小幅字画回报，而且不要钱。

郑板桥喜欢出游，常常流连山水，乐而忘返。一天他游到一处地方，时已过午，有点饿了。忽然听到悠扬的琴声从远处飘来，他循声而去，发现前面有一片竹林，竹林中有两三间茅屋。刚走近茅屋，一股肉香又扑鼻而来，茅屋里面有一位老者，须眉皆白，神态庄严，正襟危坐弹琴，旁边有一个小童正在用红泥火炉炖狗肉。郑板桥不由得垂涎三尺，对老者说："老先生也喜欢吃狗肉？"老者说："世间百味唯狗肉最佳，看来你也是一个知味者。"郑板桥深深一揖："不敢，不敢，口之于味，有同嗜焉。"老人说："那太好了，我正愁一人无伴，负此风光。"于是便叫小童盛肉斟酒，邀郑板桥对坐豪饮。

郑板桥高兴极了，肉饱酒酣之余，想用字画作为回报。见老者四壁洁白如纸，但却空无一物，便问："老先生四壁空空，为何不挂些字画？"老者说："书画雅事，方今粗俗者多，听说城内有个郑板桥，人品不俗，书画也好，不知名实相符否？"郑板桥说："在下就是郑板桥，为先生写几幅如何？"老者大喜，赶忙拿出预先准备好的纸笔，于是郑板桥当面挥毫，立成数幅，最后老者说："贱字'昌义'，请足下落个上款，也不枉你我今天一面之缘。"郑板桥听了不由一怔，说道："'昌义'是盐商王德仁的字，老先生怎么与他同号了？"老者说："我取名字的时候他还没有生呢，是他与我同字，不是我与他同字，而且天下同名同姓的人太多了，清者清，浊者浊，这有什么关系呢！"

郑板桥见他说得在理，而且谈吐不凡，于是为他落了上款，然后就道谢告别而去。

第二天郑板桥一早起来，想起昨天吃狗肉的事，总觉得有点不对劲儿，于是叫一个仆人到盐商王德仁家去打听情况。仆人回来说，王德仁将郑板桥送的字画悬挂中堂，正在发柬请客，准备举行盛大的庆祝宴会呢。

原来王德仁早就调查清楚了郑板桥的饮食起居，习性爱好以及他经常去的地方，并以重金聘请了一位老秀才，花了几个月的时间等待，才抓到了这个机会，让郑板桥上了当。

像郑板桥这样清廉正直的人，却被一顿狗肉引上了“钩”。可见“投其所好”这一心术，只要运用得当，则可以战胜任何对手。

孔子有一句名言：“己所不欲，勿施于人。”这是处理人际关系的一项基本准则。鬼谷子也主张，“无以人之所不欲，而强之于人”。但是，要想从他人那里获得好处，就必须投其所好，知道怎样在不丧失原则的基础上，尽力去取悦他人，以求达到自己的目的。当然，如果想打击某人，也不要指出对方的缺点所在，可以献计使他放纵，等他再犯错的时候，就可以趁机制裁他。

第十章 决策：小用其法，大用其理

本章主要讲述了决断，与上一章“谋第”相呼应，开头和内容都非常精彩。在讲决断时，鬼谷子主要着眼于两点：一点是难，一点是利。这是因为决断之后带来的后果，成功的话，会带来很大的利益，失败的话会带来很大的损失，决断的事情越大，这种利益得失也便越大。本章中决断的对象，是君王和权倾于野的大臣，故而决断变得尤为重要，成可立业，败可亡国。

能谋善断，诱利避祸是要义

【原文】

凡决物，必托于疑者，善其用福，恶其有患。善至于诱也，终无惑偏。

【译文】

凡决断事情，一定是有了疑难问题。决疑的目标是获得福报，免除祸患。高明的决断者，善于诱出实情，从无疑惑与偏差。

【延伸阅读】

做事情多方权衡利弊，是“谋”；做出最终的决定，是“断”。谋与断相辅相成，缺一不可，都是人生的大功课。鬼谷子认为，需要人们进行决断的事情，多数是因为事情的结果并不明朗，得失难以分明，所以需要决断。做出的决断，是正确还是错误，只有一个判断的标准：是因此得到了好处，还是祸患。

夏天天气炎热，池塘里干得一滴水也没有了。有两只住在池塘里的青蛙不得不离开那里，寻找新的住处。它们走啊走，终于来到一口井边。它们小心地趴在井口，探着头，往井下看。井水清澈见底，清凉的气息一股股地涌上来。其中一只青蛙没有细想，就高兴地跳了下去，对他的伙伴说：“喂，朋友，快下来吧，这口井水多好啊。我们就住这里吧。”另一只青蛙回答说：“这井这么深，如果它里面的水也干了，我们怎么能爬上来呢？”

在做出决定之前，必须权衡利弊，否则就会像第一只青蛙那样，只图一时的痛快，而换来终身的痛苦。

有一次，孟尝君请门下食客冯谖代他去薛城收债。冯谖应声而行，并问孟尝君，要不要回来的时候给你顺便捎点什么，孟尝君随口说了一句：“就买些家里所没有的东西吧！”

冯谖到了薛地，召集所有向孟尝君借钱的人，一一核对借据。

核对完后，冯谖当场把所有的借据烧掉，并说孟尝君因为爱护薛地的百姓，希望他们过上更好的生活，所以，愿意将大家所欠的债一笔勾销。薛地百姓听了，感激涕零，跪拜再三，谢谢这位好债主。

随后，冯谖便返回了齐国。第二天，他去求见孟尝君。孟尝君见到他后非常奇怪：“你怎么回来得这么快？”并问他债收得如何，买了什么东西回来。冯谖说：“债都收完了，但我看您家中什么都不缺，唯独缺少恩义，所以便为您买了恩义回来。”

孟尝君非常纳闷，便问他：“如何才能买到恩义呢？”冯谖回答说：“薛城地小民贫，百姓根本无力偿还向您借的金钱。等到利息越滚越多，百姓无可奈何，唯有逃亡一途。如此一来，您最后不但收不到钱，恐怕还要落一个‘贪得无厌，不怜恤百姓’的恶名。我觉得与其强收那根本就讨不回来的金钱，还不如就送给他们，让他们对您感佩万千，彰扬您的名声。于是我干脆当着众人的面，把所有的借据都烧了，说这是您的意思，我就是用这笔钱为您买回恩义。”

听他这么一说，孟尝君脸都绿了，他认为冯谖这是在玩弄自己，在极力狡辩，所以，就不再搭理他了。

第二年，孟尝君被贬至薛城。赴任时，没想到离薛城尚在百里之外，老百姓就已扶老携幼，远来夹道欢迎。这时孟尝君回头向冯谖说：“先生当年为我买的恩义，我今天总算见到了。”

恩义，乍看好似没什么用，看不着，摸不到，哪比得上实实在在的好处？但是，在冯谖的眼中，它比金钱更重要。正是他一年前的决断，使被贬的孟尝君在薛城赢得了民心。在当时来看，冯谖的决断是错误的，但是，从长远来看，这个决断无疑是英明的。

在生活中，当我们面前只有一条路的时候，可以毫不犹豫地走下去。然而，人生难免要走到三岔路口或十字路口，从而面临一系列新的选择，我们该何去何从？这个时候，一定要学会正确地决断。

绝情定疑，要顾及他人利益

【原文】

有利焉，去其利则不受也，奇之所托。若有利于善者，隐托于恶，则不受矣，致疏远。故其有使失利者，有使离害者，此事之失。

【译文】

如果对方原本能获得利益，而你的决断反使其失利，则他不会接受，除非他的委托另有隐情。如果你的决断对他有利，但其形式却令其反感，则他不会接受，而且可能疏远你。所以你的决断使其失去利益，或遭到损失，都是决断的失败。

【延伸阅读】

在这里，鬼谷子阐述了目标与手段之间的关系，并强调使用合理手段的重要性。因为，当一个人为了自己的利益，而不择手段时，必然会损害他人的利益，这时，别人就不会接受他使用的手段。所以说，即使目标再好，手段不得人心，也必然被人唾弃。

周武王建立周朝时，必须要面对一个重要的问题：如何对待商朝的遗民。姜太公给他出了一计："我听说喜欢一个人，就连他房上的乌鸦都喜欢；讨厌一个人，就连他家的篱笆也感到讨厌。我看，不如把他们全部杀掉。"武王觉得不妥，说："不行！太残忍了，怎么能这样做呢？”太公走了，召公进来了。武王想听听他的想法，召公说：“要是有罪的，就杀掉；无罪的，就放掉。”武王说：“可是有罪的人很多，这样我们就会杀掉太多的人。”一会儿，周公来了。他知道了武王的难题后，对武王说：“这个问题其实不难解决。让他们各自回到自己的住宅，各自耕种自己的土地，不论是旧的臣民，还是新的臣民，我们都要平等地看待他们。只要他们讲究仁义，我们就和他们亲近。”武王听了很高兴，赞叹说：“有这样宽阔的胸怀，天下从此就安定了！”

可见，姜太公、召公、周公虽然都是灭商兴周的大功臣，但是，在见识方面的差距还是非常大的。当然，不能说姜太公、召公所提的方案不好，毕竟，他们也是为了天下安定，但是，手段确实太过残忍。相对来说，周公的方案既能达到维护安定的目标，又可以表现出仁义，所以受到了武王的称赞。

春秋时代的齐相管仲，无人不晓，无人不知，他对齐桓公的霸业起到重要的作用，故被尊称为“仲父”。有一次，管仲为了扩大齐国的影响，建议齐桓公兴兵伐鲁，结果大获全胜，占领了鲁国的遂邑。鲁将曹沫趁鲁君和齐桓公签约时，抓住齐桓公，威胁他退还占领的土地。齐桓公没法，只得签约归还战争中夺取的土地。过后，齐桓公觉得受了侮辱，就要再次率兵攻鲁，杀了曹沫。管仲立刻劝阻说：“不能这样，几座鲁城，只不过是一点小利；在诸侯中树立威望，才是大利。如果诸侯知道您连被胁迫订立的盟约都不肯背弃，那就一定会失大信于天下！”果然，经过这件事情之后，各诸侯都认为齐桓公是一个信守诺言的人，都愿意尊他为霸主。不久，齐桓公就当了霸主，成为“春秋五霸”之一。

战略决疑，深谋才能够远虑

【原文】

圣人所以能成其事者，有五：有以阳德之者，有以阴贼之者，有以信诚之者，有以蔽匿之者，有以平素之者。阳励于一言，阴励于二言，平素、枢机以用。四者，微而施之。

【译文】

圣人能够取得成功，有五种途径：有的依靠公开的仁德，有的依靠暗中的计谋，有的依靠诚实信义，有的依靠谦卑隐匿，有的依靠平素积累。为人决断，要分清是阳谋还是阴谋。为阳谋决断贵在说一不二，为阴谋决断贵在留有余地。为人决断，还要善于抓住平素和关键两种时刻。将阳谋、阴谋、平素、关键四者有机结合，而后可以细致地进行决断。

【延伸阅读】

大到一个国家，小到一个团体，都会有一些战略性的规划。在这里，鬼谷子列举的“阳德、阴贼、信诚、敝匿、平素”，其实就代表了五种战略。在制定决策的时候，必须要用长远的眼光看问题，不要拘泥于过去与眼前，放眼未来，这样才能做出正确的决策。

战国末期，群雄争霸。秦国经过一系列变法后，实力得到了快速的提升。这时，秦昭襄王的胃口也大了起来，他想吞并其他六国，一统天下。公元前270年，秦昭襄王打算征讨齐国。这个时候，谋士范雎为了阻止秦国攻打齐国，便向昭襄王献了一计：远交近攻。他是这么说的："齐国势力非常强大，而且距离秦国又非常远，发兵攻打齐国，军队要经过韩、魏两国。如果派出的军队太少，难以取胜；如果派出的军队太多，即使打了胜仗，也无法占有齐国土地。不如先攻打邻国韩、魏，然后再逐步蚕食。"秦昭襄王觉得范雎说得很在理，便采纳了他的意见，推行"远交近攻"之策。也正是这一决策，为秦国日后统一中原奠定了坚实的基础。

其后四十余年，秦始皇定下灭六国的大计。远交齐、楚，先攻下韩、魏，然后又从两翼进兵，攻破赵、燕，统一北方；随即攻破楚国，平定南方；最后把齐国也打败了。秦始皇征战十年，终于实现了统一中国的愿望。"远交近攻"之策起到了无可替代的作用。

汉高祖刘邦夺取了天下后，曾为一个问题犹豫不决：该在哪里建都。因为他手下的臣多是洛阳周边的人，所以，这些人倾向于在洛阳建都。有一次，齐人娄敬路过洛阳，请求觐见汉高祖，得到召见。娄敬问高祖："陛下建都洛阳，难道是为了与周朝比兴盛吗？"刘邦说："是的。"娄敬回答说："周朝建都洛阳，是靠德政感召人民，而放弃了险要的地形。周朝在鼎盛的时候，四方归附，万民臣服，但是在衰败以后，就无法控制天下，不是因为恩德少，而是形势太弱。"刘邦听过之后，轻轻点了点头，娄敬接着又说："陛下自沛县起事以来，大战七十次，小战四十次，横尸遍野，与西周兴盛时的恩德不能相提并论。而秦地有高山被覆，黄河环绕，四面边塞可作坚固的防线，即使危机出现，尚有百万雄兵可备一战。借着秦国原来经营的底子，再加上肥沃的土地，可说是形势险要、物产丰饶的'天府'之地。如果陛下进入函谷关内建都，控制秦国原有的地区，就是掐住了天下的咽喉啊。”娄敬这么一说，刘邦连连称是。后来，张良也阐述了入关建都的好处，从而打消了刘邦最后一点疑虑。建都关中后，刘邦感慨地说：“最早主张建都在秦地的是娄敬啊。”于是赐娄敬改姓刘，给他加官晋爵。

可以说，那些主张建都洛阳的大臣们，都是为了一己的私利，将国家的安危和兴衰放在一边。而娄敬从战略的高度看问题，提出定都关中的建议，不仅表现出他直言敢谏，也显示了他的远见卓识，是鬼谷子所称的“有以阳德之者”“有以信诚之者”。

不管是制定国家战略，还是决策个人的事情，只有站得高，才能看得远。要想持续地获得成功，必须更上一层楼，以战略性的眼光来俯瞰社会与人生。

果断决策，该拍板时不含糊

【原文】

于是度之往事，验之来事，参之平素，可则决之。王公大人之事也，危而美名者，可则决之；不用费力而易成者，可则决之；用力犯勤苦，然不得已而为之者，可则决之；去患者，可则决之；从福者，可则决之。

【译文】

决疑时应该忖度往事，预测未来的发展，再参考平时的情况，若能做出判断，可立即决断；王公大人们委托决断的大事，若能为其带来美名，并且有望成功，可立即决断；无须费力而易成的事，可立即决断；虽然费力但又必须做的事，可立即决断；能为人免除祸患的事，可立即决断；能为人带来福祉的事，可立即决断。

【延伸阅读】

果断，是一种很重要的人格素养。一个果断的人，会让别人觉得可靠，从而愿意将事情托付给他。相反，一个优柔寡断的人，会逐渐丧失别人对他的信任。三国时的袁绍就是其中的一个典型。袁绍是名门望族之后，十八路诸侯讨董卓时，被推为盟主。一时间，天下英雄豪杰、仁人志士，纷纷投其麾下。当时，他拥有四州之地、数十万大军，帐下谋士如云，战将林立，成为当时北方势力最大的割据者。然而，这样一个人物，最后竟然败在曹操的手下。袁绍的败北，固然有许多原因，但其中主要的一点就是“多谋少决”，错过了不可复得的战机。

袁绍第一次发兵讨曹失败，退军河北。这时曹操乘机征伐刘备，许都兵力空虚。谋士田丰劝说袁绍抓住良机，再次攻打许都。

田丰说：“老虎正在捉鹿，熊可以乘机闯进虎穴吃掉虎子。老虎前进捉不到鹿，退又找不到虎子。现在曹操亲率大军征讨刘备，国内空虚。将军长戟百万，骑兵千群，径直攻打许都，捣毁曹操的巢穴，百万雄师，从天而降，就像举烈火烧茅草，倾海水浇火炭，能不成功吗？兵机的变化非常之快，战争的胜利可在战鼓声中获取。曹操得知我们攻下许都，必须丢下刘备，回攻许都。那时，我军占据城内，刘备在外面攻打，反贼曹操的脑袋肯定悬挂在将军您的旗杆上了。反之，失去这个机会，不去攻打许都，使曹操得以归国，休兵不战，生养百姓，积储粮食，招揽人才，加上现在大汉的国运衰微，纲纪不存，曹操利用他的势力，放纵他的贪欲，那必然酿成篡逆的阴谋。到了那时，即使有百万兵马攻打他，也无济于事了。”

可惜的是，袁绍以儿子有病加以推辞，不许发兵。田丰用拐杖敲着地说：“遇到这样难得的机会，却因为婴儿的缘故失掉了，大势去矣！可痛惜哉！”

当然，在历史上，也有许多人靠果断决策、快速行动而险中求胜。东汉名将班超就是依靠果断的行动，迈出了成功的第一步。公元前73年，东汉大将军窦固出击匈奴，派班超出使西域各国，以结成联盟关系。班超带领着一支由三十六人组成的使团，先到达了西域的鄯善国。鄯善国王友好地接待了他们，并表示愿同汉朝和好。可是几天后，班超发现鄯善国王开始有意疏远自己。经过分析，班超认为匈奴也派来了使团，而且鄯善国王倾向于匈奴了。所以，他请来了接待自己的鄯善官员，一见面，班超就突然严厉地问道："匈奴使团来到鄯善几天了，你们让他们住在了什么地方？"听班超这么一说，这位鄯善官员以为机密已经泄露，只好如实交代。果然如班超所料，鄯善国王正准备与匈奴结盟。得到这个消息后，班超立刻把手下召集到一起，商讨对策。班超鼓动大家说："不入虎穴，焉得虎子。我们先下手为强，今夜就突袭匈奴使团，把他们全部杀掉。只有这样，鄯善国王才会转变态度。"众人一致同意了班超的建议。当夜，班超率领这三十多位勇士，以迅雷不及掩耳之势，冲进了匈奴使团的驻地，将匈奴使团消灭得一干二净，班超一行则无一伤亡。这样，鄯善已经和匈奴结下了仇怨，只有死心塌地地依附于汉朝了。

班超不愧是一位出色的外交家，他夜闯匈奴大营，以坚定的信念、顽强的斗志、机智的头脑实现了自己保卫家园、报效朝廷、建功立业的理想，也为自己赢得了千古流传的美名。

在军事上，遇到该进的时候，一定要进得果断，遇到该退的时候，也要退得果断。当然，做出有些决定是痛苦的，但是为了整体的利益，当事者必须鼓起勇气，当机立断，甚至不惜放弃局部的利益。

镇定自如，关键时刻要冷静

【原文】

故夫绝情定疑，万事之基。以正乱治，决成败，难为者。故先王乃用蓍龟者，以自决也。

【译文】

所以决疑断难，是万事成功的关键，目的是以正治乱，决定成败，这是很难做到的事情。因此古代贤明的君主遇到疑难时，不得已而用蓍草和龟甲进行占卜，以此帮助自己决断。

【延伸阅读】

鬼谷子认为，决策是事情成败的关键，不可盲目行事，尤其是要做出正确的决策，是非常困难的。的确，做任何事情都需要决策，在做一些重大的决策时，必须要冷静、清醒，控制好自己的情绪，以免因受到不必要的干扰，而做出错误的决策。尤其是面临两难的选择时，任何人都不可避免会出现焦虑或紧张情绪，这就要看是否能够自我调节、自我克制了。

东晋时有个著名书画家王羲之，七岁时就开始练写字，被人誉为“小神笔”。朝廷中有位叫王敦的大将军，把王羲之带到军帐中表演书法，天色晚了，还让他在自己的床上睡觉。

有一次，王羲之一觉醒来，听见房间有人说话，仔细一听，原来是王敦和他的心腹谋士钱风在悄悄商量造反的事，他们一时忘记了睡在帐中的王羲之。听到谈话内容时，王羲之非常吃惊，心想，如果他们想起自己睡在这里，说不定会杀人灭口呢！怎样才能渡过这一关呢？恰好昨夜他喝了点酒，于是，他假装酩酊大醉，把床上吐得到处都是，接着，蒙头盖脸，发出轻轻的鼾声，好像是睡着了似的。

王敦和钱风密谈了多时，突然想起了王羲之，不由得心惊肉跳，脸色骤变。钱风恶狠狠地说："这小子必须除掉，不然，我们都要遭受灭门之祸了。"

两人手提尖刀，掀开被子，正要下手，突然王羲之说起了梦话，再一看，床上吐满了饭菜，散发出一股酒味。王敦和钱风被眼前的一切迷惑了，在床前站了片刻，当确认王羲之仍处于酒后酣睡中时，便放弃了原来的计划。王羲之以他的聪明才智，假装酒醉，改变了王敦和钱风杀人灭口的想法，躲过了一场意外杀身之祸。

历史上有名的女皇帝武则天也曾经运用她的才智，巧妙转移了唐太宗的目标话题，得以死里逃生。

唐太宗晚年时，为求长生不老，误服金石丹药，一病不起，他明白自己将不久于人世，但又舍不得才貌过人的武媚娘，于是便有让武媚娘殉葬的意思。

一天，武媚娘和太宗的儿子李治侍候太宗吃药。太宗突然哭了，他对武媚娘说："爱妃！你知道朕为什么哭吗？爱妃侍候朕多年，朕也最宠爱你。朕哭的原因是舍不得你呀！朕想效法古代帝王的葬礼……"，话没说完，太宗又咳嗽起来，聪明绝顶的武媚娘稍加思索，立即说："万岁，安心养病吧！臣妾明白万岁的心情。只是万岁您思考太多，万岁是英明君主，恩德好比太阳的光芒普照人间大地。古人云：大德之人，必得长寿。万岁的龙体虽有小恙，很快就会康复的，我根本没想到万岁会舍下臣妾。我生与万岁共享人间富贵，死与万岁同墓同穴。臣妾现已下决心，立即去感应寺削发为尼，念经拜佛，为万岁祈祷长生不老。”在旁边的李治也说：“儿臣启奏父皇，武媚娘自愿削发为尼，愿父皇成全她的心意。”太宗只好应允。

在性命攸关的时刻，武媚娘凭自己的聪明才智，阻止了太宗说出“殉葬”二字，从而机敏地躲过了一劫。

在做重要的决定时，除了要保持冷静，恪守原则外，还需准确把握对方的心理。这样，说话办事才能有的放矢，尤其在遇到难题时，会让自己有更多融通、回旋的余地，从而争得更多的主动与机会。